全国技工院校、职业院校"理实一体化"系列教材

机械 CAD/CAM
——CAXA 制造工程师 2011 应用基础
（第 2 版）

丛书主编　李乃夫
主　　编　成振洋
参　　编　陈秀珍　冯一锋

电子工业出版社

Publishing House of Electronics Industry
北京·BEIJING

内 容 简 介

本书共 6 章。第 1 章主要讲解 CAD/CAM 的概念、应用和发展；第 2 章介绍 CAXA 制造工程师 2011 软件的界面和常用键，以及导航信息，通过入门实例使读者对 CAD/CAM 有一个初步的认识；第 3 章通过 6 个典型的例子引出绘制二维曲线的操作方法及使用技巧；第 4 章通过 6 个典型的例子介绍绘制三维实体的操作方法及使用技巧；第 5 章通过 3 个典型的例子介绍绘制三维曲面的操作方法及使用技巧；第 6 章通过完成 2 个零件的加工设置介绍 CAM 加工参数及其使用技巧。在每章后面均配有项目训练，帮助读者更好地巩固和拓展知识。

本书可作为职业院校机电类专业的教材，也可供工科其他相关专业（如机械制造及其自动化、模具设计与制造、数控技术应用等专业）使用。

未经许可，不得以任何方式复制或抄袭本书之部分或全部内容。
版权所有，侵权必究。

图书在版编目（CIP）数据

机械 CAD/CAM：CAXA 制造工程师 2011 应用基础 / 成振洋主编. —2 版. —北京：电子工业出版社，2015.2
全国技工院校、职业院校"理实一体化"系列教材
ISBN 978-7-121-25429-1

Ⅰ. ①机… Ⅱ. ①成… Ⅲ. ①机械设计—计算机辅助设计—应用软件—职业教育—教材 Ⅳ. ①TH122

中国版本图书馆 CIP 数据核字（2015）第 010937 号

策划编辑：张　凌
责任编辑：张　凌
印　　刷：北京京师印务有限公司
装　　订：北京京师印务有限公司
出版发行：电子工业出版社
　　　　　北京市海淀区万寿路 173 信箱　邮编 100036
开　　本：787×1 092　1/16　印张：12.5　字数：320 千字
版　　次：2008 年 6 月第 1 版
　　　　　2015 年 2 月第 2 版
印　　次：2015 年 2 月第 1 次印刷
定　　价：28.00 元

凡所购买电子工业出版社图书有缺损问题，请向购买书店调换。若书店售缺，请与本社发行部联系，联系及邮购电话：(010) 88254888。
质量投诉请发邮件至 zlts@phei.com.cn，盗版侵权举报请发邮件至 dbqq@phei.com.cn。
服务热线：(010) 88258888。

前　言

　　CAD/CAM 技术被称为工业起飞的引擎，它推动了几乎一切领域的技术革命，它的发展和应用水平已成为衡量一个国家科技现代化和工业现代化水平的重要标志之一。近年来，随着计算机技术和数控技术的迅速发展，CAD/CAM 技术的应用越来越广泛，社会上对 CAD/CAM 技术的应用人才需求也越来越大。

　　为了适应现代社会对 CAD/CAM 技术人才的需要，编者总结教学中的经验，从教学的实际出发，编写了本书。本书选用的 CAD/CAM 应用软件——CAXA 制造工程师，是高效易学，具有较好工艺性的国产数控加工编程软件，它为数控加工行业提供从造型设计到加工代码生成、校验一体化的全面解决方案。

　　本教材在编写体例上采取任务驱动项目教学法，体现"以职业岗位为本位"，编写模式符合教学方法和学生的学习习惯。本教材在第 1 章先介绍了 CAD/CAM 的概念、发展、系统的组成、常用集成软件及发展趋势。第 2～6 章较全面地介绍了 CAXA 制造工程师 2011 的应用，通过典型零件的绘图、造型、加工参数设置，使学生在操作中理解各种相关的概念，以及有关菜单、快捷键的应用。在此基础上，进一步通过知识链接的内容巩固知识，拓展相关的知识点，达到举一反三的效果。

　　本书自第 1 版于 2008 年 6 月出版以来，经过五年多的使用，受到读者的欢迎。随着 CAD/CAM 软件的升级换代，为了更好地服务读者，现对全书进行修订，主要修订如下：

　　（1）全书用 CAXA 制造工程师 2011 版本代替原来的 2006 版本；

　　（2）对典型任务做了调整，其中第 3、4 章各增加了一个任务，使读者可以掌握更多的知识点；由于零件加工部分有其他课程的支撑，因而第 6 章减少了一个任务；

　　（3）增加了课后的练习内容，满足读者练习的需要。

　　本课程建议学时分配如下：

课程内容	建议学时数			备注
	合计	理论	实践	
第 1 章　CAD/CAM 技术概论	6	6		
第 2 章　CAXA 制造工程师 2011 入门	2	1	1	
第 3 章　曲线绘制	12	3	9	
第 4 章　实体特征造型	16	2	14	
第 5 章　曲面造型	10	2	8	
第 6 章　零件加工	8	4	4	
机动	4			
考试	2		2	
总计	60			

　　本书可作为职业院校机电类专业的教材，也可供工科其他相关专业（如机械制造及其自动化、模具设计与制造、数控技术应用等专业）使用。

本书由成振洋老师主编并统稿。李乃夫老师主审。其中，第1、2章由成振洋老师修订，第3、4章由陈秀珍老师修订，第5、6章由冯一锋老师修订。

本书在修订过程中，得到了出版社和编辑们的大力支持，在此表示诚挚的感谢。由于水平有限，书中疏漏之处在所难免，恳请读者批评指正。

编 者
2014年9月

目　　录

第1章　CAD/CAM 技术概论 ··· 1
1.1　CAD/CAM 的概念及应用 ··· 1
1.1.1　CAD/CAM 的发展 ·· 1
1.1.2　CAD/CAM 的概念 ·· 2
1.1.3　CAD/CAM 系统的功能与任务 ······································· 3
1.1.4　CAD/CAM 的应用 ·· 5
1.2　CAD/CAM 系统的组成 ·· 6
1.2.1　CAD/CAM 的硬件 ·· 7
1.2.2　CAD/CAM 的软件 ·· 10
1.2.3　CAD/CAM 系统选择原则 ·· 11
1.3　常用 CAD/CAM 集成软件介绍 ··· 13
1.3.1　CAXA 制造工程师 ·· 13
1.3.2　Mastercam ··· 14
1.3.3　Pro/Engineer ·· 14
1.3.4　UG ·· 15
1.3.5　Cimatron ·· 15
1.4　CAD/CAM 技术的发展趋势 ·· 15
1.4.1　CAD/CAM 交互化 ·· 15
1.4.2　CAD/CAM 智能化 ·· 16
1.4.3　CAD/CAM 网络化 ·· 17
思考题 ··· 18

第2章　CAXA 制造工程师 2011 入门 ·· 19
2.1　CAXA 制造工程师 2011 工作界面 ·· 19
2.1.1　主菜单 ·· 20
2.1.2　工具条 ·· 20
2.1.3　对话框 ·· 23
2.1.4　快捷菜单 ·· 23
2.1.5　点工具菜单 ··· 24
2.1.6　矢量工具菜单 ··· 24
2.1.7　立即菜单 ·· 25
2.1.8　绘图区 ·· 25
2.2　常用键和导航信息 ··· 25

　　　　2.2.1　鼠标键 ··· 25
　　　　2.2.2　回车键和数值键 ·· 26
　　　　2.2.3　空格键 ··· 26
　　　　2.2.4　热键 ·· 26
　　　　2.2.5　拾取与导航 ·· 27
　　2.3　快速入门 ··· 27
　　　　2.3.1　绘制草图 ··· 28
　　　　2.3.2　拉伸基本体 ·· 28
　　　　2.3.3　生成凹面 ··· 28
　　　　2.3.4　生成文字实体 ·· 29
　　实战练习 ··· 31

第3章　曲线绘制 ··· 33
　　3.1　绘制压板轮廓图 ·· 33
　　　　3.1.1　压板轮廓图的绘制步骤 ··· 33
　　　　3.1.2　知识链接 ··· 36
　　3.2　绘制垫片轮廓图 ·· 40
　　　　3.2.1　垫片轮廓图的绘制步骤 ··· 40
　　　　3.2.2　知识链接 ··· 45
　　3.3　绘制呆扳手轮廓图 ·· 47
　　　　3.3.1　呆扳手轮廓图的绘制步骤 ··· 47
　　　　3.3.2　知识链接 ··· 51
　　3.4　绘制风扇叶轮廓图 ·· 53
　　　　3.4.1　风扇叶轮廓图的绘制步骤 ··· 53
　　　　3.4.2　知识链接——阵列 ··· 56
　　3.5　绘制盖板轮廓图 ·· 57
　　　　3.5.1　盖板轮廓图的绘制步骤 ··· 57
　　　　3.5.2　知识链接 ··· 61
　　3.6　绘制花键套零件图 ·· 62
　　实战练习 ··· 65

第4章　实体特征造型 ··· 69
　　4.1　定位夹座实体造型 ·· 69
　　　　4.1.1　定位夹座实体造型操作步骤 ··· 70
　　　　4.1.2　知识链接 ··· 73
　　4.2　气压缸盖实体造型 ·· 77
　　　　4.2.1　气压缸盖实体造型操作步骤 ··· 78
　　　　4.2.2　知识链接 ··· 84
　　4.3　手锤实体造型 ·· 86

  4.3.1 手锤实体造型操作步骤 ··········· 86
  4.3.2 知识链接——旋转除料 ··········· 90
 4.4 塑料凳实体造型 ··········· 91
  4.4.1 塑料凳实体造型操作步骤 ··········· 92
  4.4.2 知识链接 ··········· 99
 4.5 吹风机实体造型 ··········· 101
  4.5.1 吹风机实体造型操作步骤 ··········· 102
  4.5.2 知识链接 ··········· 107
 4.6 计算器实体造型 ··········· 108
  4.6.1 计算器实体造型操作步骤 ··········· 109
  4.6.2 知识链接 ··········· 117
 实战练习 ··········· 119

第 5 章 曲面造型 ··········· 124

 5.1 衬盖曲面造型 ··········· 124
  5.1.1 衬盖曲面造型操作步骤 ··········· 124
  5.1.2 知识链接 ··········· 128
 5.2 手提电话外壳造型 ··········· 131
  5.2.1 手提电话外壳造型操作步骤 ··········· 131
  5.2.2 知识链接 ··········· 137
 5.3 风筒曲面造型 ··········· 141
  5.3.1 风筒曲面造型操作步骤 ··········· 141
  5.3.2 知识链接 ··········· 147
 实战练习 ··········· 148

第 6 章 零件加工 ··········· 149

 6.1 凹凸模加工实例 ··········· 149
  6.1.1 凹凸模数控加工编程步骤 ··········· 150
  6.1.2 知识链接 ··········· 161
 6.2 端盖加工实例 ··········· 172
  6.2.1 端盖数控加工编程步骤 ··········· 172
  6.2.2 知识链接 ··········· 179
 实战练习 ··········· 186

参考文献 ··········· 189

第1章 CAD/CAM 技术概论

21世纪以来，随着电子、信息等高新技术的不断发展和市场需求的个性化与多样化，用户对各类产品的质量、产品更新换代的速度和设计、生产周期提出了越来越高的要求。在当今社会，为适应瞬息万变的市场要求，提高产品的质量，缩短生产周期，就必须采用 CAD/CAM 技术。CAD/CAM 技术是计算机技术与机械制造技术的相互结合与渗透，是计算机辅助设计与辅助制造（Computer Aided Design and Manufacturing）技术的简称，是20世纪80年代最杰出的工程技术之一，被称为工业起飞的引擎，它推动了几乎一切领域的技术革命。CAD 技术的发展和应用水平已成为衡量一个国家科技现代化和工业现代化水平的重要标志之一。

1.1 CAD/CAM 的概念及应用

1.1.1 CAD/CAM 的发展

1950年，美国麻省理工学院采用阴极射线管（CRT）研制成功图形显示终端，实现了图形的屏幕显示，从此结束了计算机只能处理字符数据的历史，并在此基础上孕育出一门新兴学科——计算机图形学。20世纪50年代后期出现了光笔，从此开始了交互式绘图的历史。20世纪60年代初，屏幕菜单指点、功能键操作、光笔定位、图形动态修改等交互绘图技术相继出现。1962年，美国人 Ivan Sutherland 开发出第一个交互式图形系统——Sketchpad。此后，相继出现了一大批商品化 CAD 软件系统。但是由于显示器价格昂贵，CAD 系统很难推广。直到60年代末期，显示技术才有了突破，显示器价格大幅度下降，CAD 系统的性能价格比大大提高，CAD 用户开始以每年30%的速度逐年递增。

在显示技术发展的同时，计算机图形学也得到了很大的发展，整个20世纪70年代，以二维绘图和三维线框图形为主的 CAD 系统形成主流。第一个实体造型（Solid Modeling）试验系统诞生于1973年，第一代实体造型软件于1978年推向市场，八九十年代实体造型技术成为 CAD 技术发展的主流，并走向成熟，出现了一批以三维实体造型为核心的 CAD 软件系统。实体造型技术的发展和应用大大拓宽了 CAD 技术的应用领域。

CAM 技术的发展主要是在数控编程和计算机辅助工艺过程规划两个方面。其中数控编程主要是发展自动编程技术。这种编程技术是由编程人员将加工部位和加工参数以一种限定格式的语言（自动编程语言）写成源程序，然后由专门的软件转换成数控程序。1955年，美国麻省理工学院（MIT）伺服机构实验室公布了 APT（Automatically Programmed Tools）系统。在该系统基础上，后来又发展成 APT-Ⅲ、APT-Ⅳ。20世纪60年代初，西欧开始引入数控技术。在自动编程方面,除了引进美国的系统外,还发展了自己的自动编程系统。例如,英国国家工程研究所(NEL)的 ZCL,西德的 EXAPT。此外,日本、前苏联、中国也都发展了自己的自动编程系统。例如,日本的 FAPT、HAPT,前苏联的 CΠC、CAΠC,中国的 ZBC-1、ZCX-3、CAM-251 等。

进入 20 世纪 70 年代,CAD、CAM 开始走向共同发展的道路。由于 CAD 与 CAM 所采用的数据结构不同,在 CAD/CAM 技术发展初期,主要工作是开发数据接口,沟通 CAD 和 CAM 之间的信息流。不同的 CAD、CAM 系统都有自己规定的数据格式,都要开发相应的接口,不利于 CAD/CAM 系统的发展。在这种背景下,美国波音公司和 GE 公司于 1980 年制定了数据交换规范 IGES(Initial Graphics Exchange Specifications)。这一规范后来被认定为美国 ANSI 标准。IGES 规定了统一的中性文件格式,不同的 CAD、CAM 系统可通过此中性文件进行数据交换,形成一个完整的 CAD/CAM 系统。将不同的系统通过适当的媒介集成到一起,这就给 CAD/CAM 集成化提供了一种很好的想法,许多商品化 CAD/CAM 或 CAD/CAM/CAE 系统都是在这种思想指导下开发的。从本质上讲这是系统的集成,即将不同的系统集成到一起。

随着 CAD/CAM 研究的深入和实际生产对 CAD/CAM 要求的不断提高,人们又提出用统一的产品数据模型同时支持 CAD 和 CAM 的信息表达,在系统设计之初,就将 CAD/CAM 视为一个整体,实现真正意义的集成化 CAD/CAM,使 CAD/CAM 进入了一个崭新的阶段。统一产品模型的建立,一方面为实现系统的高度集成提供了有效的手段,另一方面也为在 CAD/CAM 系统中实现并行设计提供了可能。目前,各大商品化软件纷纷向此方向靠拢。例如,SDRC 公司的 I-DEAS Master Serial 版,在 Master Model 的统一支持下,实现了集成化 CAD/CAM,并在此基础上实现并行工程。

20 世纪 80 年代,出现了一大批工程化的 CAD/CAM 商品化软件系统,其中较著名的有 CADAM、CATIA、UG-Ⅱ、I-DEAS、Pro/Engineer、ACIS 等,并应用到了机械、航空航天、汽车、造船等领域。

20 世纪 90 年代,CAD 技术已不停留在过去单一模式、单一功能、单一领域的水平,而是向着标准化、集成化、智能化的方向发展。为了实现系统的集成,实现资源共享和产品生产与组织管理的高度自动化,提高产品的竞争能力,就需要在企业、集团内的 CAD/CAM 系统之间或各个子系统之间进行统一的数据交换,为此,一些工业先进国家和国际标准化组织都在从事标准接口的开发工作。CAD、CAM 在各自领域所产生的巨大推动作用被认同,加之设计和制造自动化的需求,出现了集成化的 CAD/CAM 系统。

1.1.2 CAD/CAM 的概念

计算机的出现和发展,实现了将人类从脑力劳动解放出来的愿望。早在三四十年前,计算机就已作为重要的工具,辅助人类承担一些单调、重复的劳动,如辅助数控编程、工程图样绘制等。在此基础上逐渐出现了计算机辅助设计(CAD)、计算机辅助工艺过程设计(CAPP)及计算机辅助制造(CAM)等概念。

1. 计算机辅助设计（Computer Aided Design，CAD）

计算机辅助设计是指工程技术人员以计算机为辅助工具来完成产品设计过程中的各项工作，如草图绘制、零件设计、装配设计、工程分析等，并达到提高产品设计质量、缩短产品开发周期、降低产品成本的目的。

2. 计算机辅助工艺过程设计（Computer Aided Process Planning，CAPP）

计算机辅助工艺过程设计是指工艺人员借助于计算机，根据产品设计阶段给出的信息和产品制造工艺要求，交互地或自动地确定产品加工方法和方案，如加工方法选择、工艺路线确定、工序设计等。

3. 计算机辅助制造（Computer Aided Manufacturing，CAM）

计算机辅助制造有广义和狭义两种定义。广义 CAM 是指借助计算机来完成从生产准备到产品制造出来整个过程中的各项活动，包括工艺过程设计、工装设计、计算机辅助数控加工编程、生产作业计划、制造过程控制、质量检测与分析等。狭义 CAM 通常是指 NC 程序编制，包括刀具路径规划、刀位文件生成、刀具轨迹仿真及 NC 代码生成等。

4. CAD/CAM系统

CAD/CAM 系统以计算机硬件、软件为支持环境，能通过各个功能、模块（分系统）实现对产品的描述、计算、分析、优化、绘图、工艺规程设计、仿真及 NC 加工。而广义的 CAD/CAM 系统应包括生产规划、管理、质量控制等方面。这些部分以不同的形式组合集成就构成各种不同类型的系统。

1.1.3 CAD/CAM 系统的功能与任务

由于 CAD/CAM 系统所处理的对象不同，对硬件的配置、选型不同，所选择的支撑软件不同，所以对系统功能的要求也会有所不同，但 CAD/CAM 系统的基本功能与任务基本相似。

1. CAD/CAM系统的基本功能

1）图形显示功能

CAD/CAM 是一个人机交互的过程，从产品的造型、构思、方案的确定，结构分析到加工过程的仿真，系统随时保证用户能够观察、修改中间结果，实时编辑处理。用户的每一次操作，都能从显示器上及时得到反馈，直到取得最佳的设计结果。图形显示功能不仅能够对二维平面图形进行显示控制，还包含对三维实体的处理。

2）输入输出功能

在 CAD/CAM 系统运行中，用户须不断地将有关设计的要求、各步骤的具体数据等输入计算机内，通过计算机的处理，能够输出系统处理的结果，且输入/输出的信息既可以是数值的，也可以是非数值的（如图形数据、文本、字符等）。

3）存储功能

由于CAD/CAM系统运行时数据量很大，往往有很多算法生成大量的中间数据，尤其是对图形的操作、交互式的设计，以及结构分析中网格的划分等。为了保证系统能够正常运行，CAD/CAM系统必须配置容量较大的存储设备，支持数据在模块运行时的正确流通。另外，工程数据库系统的运行也必须有存储空间的保障。

4）交互功能（人机接口）

在CAD/CAM系统中，人机接口是用户与系统连接的桥梁。友好的用户界面是保证用户直接而有效地完成复杂设计任务的必要条件，除软件中的界面设计外，还必须有交互设备，实现人与计算机之间的不断通信。

2. CAD/CAM系统的主要任务

1）几何造型

能够描述基本几何实体（如大小）及实体间的关系（如几何信息），能够进行图形图像的技术处理。几何建模技术是CAD/CAM系统的核心，它为产品的设计、制造提供基本数据和原始信息。产品设计包括产品的方案设计和结构设计，在计算机的辅助下完成。在结构设计中，可以应用当前较成熟的曲面造型技术、实体造型技术和特征造型技术。另外，在设计阶段就要考虑零件的几何特征和制造工艺特征，使产品设计的数据能够在其他环节中使用。

2）计算分析

包括几何特征（如体积、表面积、质量、重心位置、转动惯量等）和物理特征（如应力、温度、位移等）的计算分析。例如，图形处理中变换矩阵的运算；几何造型中体素之间的交、并、差运算；工艺规程设计中工序尺寸、工艺参数的计算；结构分析中应力、温度、位移等物理量的计算等，为系统进行工程分析和数值计算提供必要的基本参数。因此，要求CAD/CAM系统对各类计算分析的算法正确、全面，而且数据计算量大，还要有较高的计算精度。

3）工程绘图

工程绘图是CAD系统的重要环节，是产品最终结果的表达方式。CAD/CAM系统有处理二维图形的能力，包括基本图元的生成，标注尺寸，图形编辑（比例变换、平移、复制、删除等），除此之外，CAD/CAM系统还应具备从几何造型的三维图形直接向二维图形转换的功能。

4）结构分析

CAD/CAM系统中结构分析常用的方法是有限元法，这是一种数值近似解方法，用来解决结构形状比较复杂的零件的静态、动态特性计算，强度、振动、热变形、磁场、温度场强度、应力分布状态等的计算分析。

5）优化设计

CAD/CAM系统应具有优化求解的功能，也就是在某些条件的限制下，使产品或工程设计中的预定指标达到最优。优化设计包括总体方案的优化、产品零件结构的优化、工艺参数的优化等。优化设计是现代设计方法学中的一个重要的组成部分。

6）计算机辅助工艺过程设计（CAPP）

设计是为了加工制造，而工艺设计是为产品的加工制造提供指导性的文件。因此，CAPP

是CAD与CAM的中间环节。CAPP系统应当根据建模后生成的产品信息及制造要求，人机交互或自动决策加工该产品所采用的加工方法、加工步骤、加工设备及加工参数。CAPP的设计结果一方面能被生产实际应用，生成工艺卡片文件，另一方面能直接输出信息，为CAM中的NC自动编程系统接收、识别，直接转换为刀位文件。

7）自动编程

加工零件需要来自CAD方面的几何信息和来自CAPP方面的工艺信息。利用这些信息完成零件的数控加工编程及仿真，并提供数控加工指令文件和切削加工时间等信息。

8）模拟仿真

模拟：根据设计要求，建立一个工程设计的实际系统模型，如机构、机械手、机器人。

仿真：通过对系统模型的试验运行，研究一个存在的或设计中的系统，通常有加工轨迹仿真，机构运动学仿真，机器人仿真，工件、机床、刀具、夹具的碰撞、干涉检验等。其目的在于预测产品的性能，模拟产品的制造过程、可制造性，避免损坏，减少制造投资。

9）工程数据管理与信息传输与交换

由于CAD/CAM系统中数据量大、种类繁多，又不是孤立的系统，因此，CAD/CAM系统应能提供有效的管理手段，支持工程设计与制造全过程的信息传输与交换。随着并行作业方式的推广应用，还存在着几个设计者或工作小组之间的信息交换问题，因此，CAD/CAM系统应具备良好的信息传输管理功能和信息交换功能。标准接口为系统的信息集成提供了重要的基础。系统的接口通常是标准化的或者是定义成通用接口，其目的是减少系统对设备的依赖性，避免工作的重复，提高CAD/CAM集成系统的工作效率。

1.1.4　CAD/CAM的应用

1. CAD/CAM技术应用的必要性和迫切性

据统计，机械制造领域的设计工作有56%属于适应性设计，20%属于参数化设计，只有24%属于创新设计。某些标准化程度高的领域，参数化设计达到50%左右。因此，使设计方法及设计手段科学化、系统化、现代化，实现CAD是非常必要的。

编制工艺规程是设计、制造过程中生产技术准备工作的重要环节，过去一直是工艺人员手工完成的，不仅效率低，而且依附于人的技能和经验，很难获得最佳方案。同时，与产品设计一样，也存在着烦琐而重复的密集型劳动束缚工艺人员、难以从事创造性开拓工作的问题。因此，迫切需要CAPP技术。

从机械制造行业来看制造阶段的生产状况，50件以下的小批量生产约占75%。据统计，一个零件在车间的平均停留时间中，只有5%的时间是在机床上，而在这5%的时间中，又只有30%的时间用于切削加工。由此可见，零件在机床上的切削时间只占零件在车间停留时间的1.5%。要提高零件的加工效率、改善经济性，就要减少零件在车间的流通时间和在机床上装卸、调整、测量、等待切削的时间。而做到这一点必须综合考虑生产的管理、调度、零件的传送和装卸方法等多方面因素。这需要通过计算机辅助人们做全面安排，控制加工过程。

2. CAD/CAM 技术的应用

CAD/CAM 系统充分发挥计算机及其外围设备的能力,将计算机技术与工程领域中的专业技术结合起来,实现产品的设计、制造,这已成为新一代生产及技术发展的核心技术。随着计算机硬件和软件的不断发展,CAD/CAM 系统的性能价格比不断提高,使得 CAD/CAM 技术的应用领域也不断扩大。

航空航天、造船、机床制造都是国内外应用 CAD/CAM 技术较早的工业部门。首先是用于飞机、船体、机床零部件的外形设计;然后进行一系列的分析计算,如结构分析、优化设计、纺织模拟;最后,根据 CAD 的几何数据与加工要求生成数据加工程序。机床行业应用 CAD/CAM 系统进行模块化设计,实现了对用户特殊要求的快速响应制造,缩短了设计制造周期,提高了整体质量。电子工业应用 CAD/CAM 技术进行印刷电路板生产,以及不采用 CAD/CAM 技术根本无法实现的集成电路生产。在土木建筑领域,引入 CAD 技术,可节约方案设计时间约 90%,投标时间 30%,重复绘制作业费 90%。除此之外,CAD 技术还可用于轻纺服装行业的花纹图案与色彩设计、款式设计、排料放样及衣料裁剪;人文地质领域的地理图、地形图、矿藏勘探图、气象图、人口分布密度图,以及有关的等值线图、等位面图的绘制;电影、电视中动画片及特技镜头的制作等许多方面。

CAD 技术与 CAM 技术结合起来,实现设计、制造一体化,具有明显的优越性,主要体现在:

(1) 有利于发挥设计人员的创造性,将他们从大量烦琐的重复劳动中解放出来。
(2) 减少了设计、计算、制图、制表所需的时间,缩短了设计周期。
(3) 由于采用了计算机辅助分析技术,可以从多方案中进行分析、比较、选出最佳方案,有利于实现设计方案的优化。
(4) 有利于实现产品的标准化、通用化和系列化。
(5) 减少了零件在车间的流通时间和在机床上装卸、调整、测量、等待切削的时间,提高了加工效率。
(6) 先进的生产设备既有较高的生产过程自动化水平,又能在较大范围内适应加工对象的变化,有利于企业提高应变能力和市场竞争力。
(7) 提高了产品的质量和设计、生产效率。
(8) CAD、CAM 的一体化,使产品的设计、制造过程形成一个有机的整体,通过信息的集成,在经济上、技术上给企业带来综合效益。

1.2 CAD/CAM 系统的组成

系统是指为完成特定任务而由相关部件或要素组成的有机的整体。一个完整的 CAD/CAM 系统必须具备硬件系统、软件系统。

一个 CAD/CAM 系统是由计算机、外围设备及附加生产设备等硬件和控制这些硬件运行的指令、程序及文档,即软件组成,通常包含若干功能模块,如图 1.1 所示。

第 1 章　CAD/CAM 技术概论

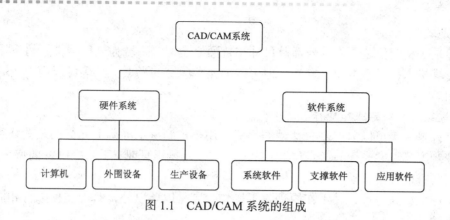

图 1.1　CAD/CAM 系统的组成

1.2.1　CAD/CAM 的硬件

硬件通常是指构成计算机的设备实体，是一切可以触摸到的物理设备的总称。对于一个 CAD/CAM 系统，可以根据其应用范围及所使用的软件，选用不同规模、不同结构、不同功能的计算机、外设及生产加工设备。

CAD/CAM 计算机硬件系统主要包括主机、外存储器、输入/输出设备及其他通信接口。CAM 中的生产加工设备包括数控机床、装配机器人、计算机控制的物料输送设备和检验用的自动检测装置等。

1. 主机

主机是计算机硬件的核心。主机的类型及性能在很大程度上决定着 CAD/CAM 系统的使用性能。主机由中央处理器（CPU）和内存储器组成。

2. 外存储器

由于 CAD/CAM 系统要处理大量的信息，因此需要配置大容量的外存储器。目前常用的外存储器主要有硬盘、软盘、光盘等，其中，硬盘、软盘属于磁存储器，光盘属于光存储器。

3. 图形显示器

图形显示器作为交互显示设备，除了显示输出数据和图形外，与相应的输入装置配合起来使用，还能够比较方便地将图形数据输入到计算机中。显示器的类型有阴极射线管显示器、直观存储显像管显示器、液晶显示器、等离子板显示器等。便携式笔记本电脑使用的就是液晶显示器，现在台式计算机也可以配置相应的液晶显示器。

图形显示器的性能指标包括屏幕的尺寸大小、最高分辨率、点距及扫描频率等。

4. 图形输入设备

CAD/CAM 系统要求输入/输出设备精度高，且速度快。常用的输入设备有键盘、光笔、鼠标和操纵杆、数字化仪和图形输入板、图形扫描输入仪等。

1）光笔

光笔是一种定位装置，其外形及尺寸与普通笔类似，一端为光敏器件，另一端用导线连接到计算机上，光笔本身不发光，但可探测显示屏上的光点。光笔可以用来在屏幕上指点和画图。

2）操纵杆、跟踪球和鼠标

操纵杆是一个可以前后左右移动的手柄，用于控制显示屏幕上光标的装置。利用操纵杆能够控制屏幕上的光标向任意位置移动。用户使用操纵杆时，手将操纵杆向哪个方向推，光标就向所推的方向移动。

跟踪球又称轨迹球，其工作原理除了操作控制是以球以外，其他与操纵杆相同，通过滚动球移动光标。

鼠标有带旋转球的机械式和利用光反射的光电式两种，其底部有检测两个正交方向相对运动的装置，通过它可将运动值转换为数字值，确定运动的距离和方向，进行定位。

3）数字化仪

数字化仪是一种计算机输入设备，它能将各种图形，根据坐标值准确地输入计算机，并能通过屏幕显示出来。在专业应用领域中一种用途非常广泛的图形输入设备，是由电磁感应板、游标和相应的电子电路组成的。当使用者在电磁感应板上移动游标到指定位置，并将十字光标的交点对准数字化的点位时，按动按钮，数字化仪则将此时对应的命令符号和该点的位置坐标值排列成有序的一组信息，然后通过接口（多用串行接口）传送至主计算机。

常用的数字化仪有电子式、电磁感应式、超声波式等，如图1.2、图1.3所示。

图1.2　数字化仪

图1.3　三维数字化仪

4）扫描仪

扫描仪主要用于图形、图像的输入。通过对将要输入的图样进行扫描，将扫描后得到的光栅图像进行去污及字符识别等处理，再将点阵图像矢量化，这种矢量化的图形就可以进行编辑和修改成为CAD/CAM系统所需的图形文件。这种输入方式对已有的图样建立图形库，或在图像处理及识别等方面有重要的意义。

5. 图形输出设备

在CAD/CAM系统中，常用的图形输出设备有绘图仪和打印机。

1）绘图仪

绘图仪按工作原理可分为笔式绘图仪和非笔式绘图仪两大类。按照绘图仪的结构形式又可以分为平板式和滚筒式两种。

（1）笔式绘图仪。笔式绘图仪以墨水笔作为绘图工具，计算机通过程序指令控制笔和纸的相对运动，同时，对图形的颜色、图形中的线型，以及绘图过程中抬笔、落笔的动作加以控制，由此将屏幕显示的图形或在存储器存储的图形输出。根据笔与纸相对运动实现方法的不同，区分为平板式和滚筒式两种。图1.4所示为滚筒式笔式绘图仪。

（2）非笔式绘图仪。非笔式绘图仪一般包括喷墨绘图仪、静电绘图仪、热敏绘图仪等几种类型，通常，使用最多的非笔式绘图仪为滚筒式喷墨绘图仪，如图1.5所示。

喷墨绘图仪利用喷墨枪作记录头，通过图形数据控制喷射强度或单位面积点密度的方法实现图形的绘制。绘图仪的笔架上有三个喷嘴，在高压的作用下，按一定的时间间隔喷出墨汁，每个喷嘴产生一个基本色调，组合形成多种颜色的图案。喷墨绘图仪可以产生出高质量的绘图效果，但要注意在墨盒保质期内使用，避免喷嘴堵塞。

图1.4 滚筒式笔式绘图仪

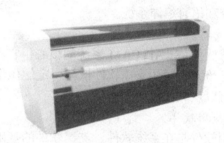
图1.5 滚筒式喷墨绘图仪

2）打印机

打印机是最常用的输出设备，打印机可分为击打式和非击打式两大类。

击打式打印机按工作方式可分串行击打式打印机和并行击打式打印机两种。串行击打式打印机有针形、菊花瓣形、球形、轮形、杯形等多种。针形点阵式打印机机械结构比较简单、打印速度高，应用比较广泛，但噪声较大。并行击打式打印机有鼓式、点阵式、链式、带式等多种，打印速度显然比串行击打式打印机要高得多。

非击打式打印机有喷墨式、激光式、静电式、电灼式、热敏式等多种，其打印质量和打印速度远高于击打式打印机。目前，喷墨打印机和激光打印机应用最为广泛，如图1.6所示。

图1.6 非击打式打印机

1.2.2 CAD/CAM 的软件

CAD/CAM 系统硬件在不断发展的同时，与之配套的软件技术也取得了长足进展。软件系统可分为三个层次：系统软件、支撑软件和应用软件。

1. CAD/CAM中的软件

1）系统软件

系统软件是使用、管理、控制计算机运行的程序的集合，是用户与计算机硬件连接的纽带。系统软件首先是为用户使用计算机提供一个清晰、简洁、易于使用的友好界面；其次是尽可能使计算机系统中的各种资源得到充分而合理的应用。系统软件具有两个特点，一个是通用性，不同领域的用户都可以使用它；另一个是基础性，即系统软件是支撑软件和应用软件的基础，应用软件要借助于系统软件编制与实现。系统软件主要包括两个部分：操作系统和语言编译系统。

2）支撑软件

支撑软件是 CAD/CAM 系统的核心，它不针对具体的设计对象，而是为用户提供工具或开发环境，不同的支撑软件依赖一定的操作系统，又是各类应用软件的基础。通常，支撑软件可以从软件市场上购买。

3）应用软件

应用软件是在系统软件、支撑软件的基础上，用高级语言进行编程，针对某一个专门应用领域而研制的软件。因此这类软件类型多，内容丰富，也是企业在 CAD/CAM 系统建设中研究开发应用投入最多的方面，由于它的针对性特别强，因此商品化的软件不多，而且价格特别昂贵。此项工作通常称为软件的"二次开发"。

2. 二维CAD系统具备的主要功能

1）基本图形的绘制功能

通过键盘命令、屏幕菜单、工具栏上的命令图标或者数字化仪上的菜单，可以很容易地画出线段、圆、圆弧等基本图形元素。并且，对于绘制同一种图形元素，系统提供了许多绘图方法，用户可以根据不同的需要选择最方便的方法来进行绘图。

2）图形绘制的导航功能

图形绘制的导航功能包括设定网格间距、自动绘制网格、网格点的自动捕捉功能、对象点的捕捉（如直线的端点、中点、圆心点等）、辅助绘图线的显示；使用各种动态高亮度的标识引导下一步的操作等。设计者可以以这些网格为基准进行制图，使用动态标识辅助绘图，提高绘图效率。

3）零件形状定义功能

零件形状定义功能用来定义各种标准件，将标准件的形状等常用图形存储记录下来，在需要时很方便地调用，就会使绘图的速度大大提高。在 CAD 系统中，图形存储记录方法有两种，一种是以符号的形式进行存储，另一种是以程序的形式进行零件的参数化设计。

4)图形的编辑功能

在 CAD 系统中,能够很容易地实现图形的旋转、移动、复制、阵列、偏移、放大、缩小、镜像、修剪、删除等操作。利用这些功能可以方便地对已绘制的图形进行编辑。

5)图层管理功能

CAD 系统具有将构成图面的数据分成若干图层分别进行存储记录或者出图的功能。图层就像是透明的重叠的绘图纸,在其上可以很好地组织和编组不同类型的图形信息。通过创建图层,可以将类型相似的对象指定给同一个图层使其相关联。利用这种功能,可以将基本图形和尺寸线分别设置在不同的图层内,根据需要能够分别画出带尺寸线和不带尺寸线的图纸。

3. CAE系统

CAE 系统用于审查所设计的产品是否能够达到设计功能和性能的要求,这在新产品的设计开发过程中是非常重要的。CAE 系统利用计算机的分析计算和仿真功能,与 CAD 系统相结合,以 CAD 系统确定的数据为基础做更进一步的分析计算。

CAE 系统可以分为两大类,一类是对 CAD 系统确定的几何形状数据直接进行处理的系统,另一类是将有限元法等数值分析方法与 CAD 系统融合到一起所构成的系统。

4. CAM系统

CAM 系统包括工艺设计、NC 编程、机器人编程等子系统。

1)工艺设计

实际应用较多的计算机辅助工艺过程设计系统多是派生式系统。这种系统将已有的成熟工艺技术知识通过分析整理,分类存入计算机中。要加工新零件时,系统将可利用的知识调到显示器上,通过人机对话方式进行修改、追加、删除等操作来完成工艺过程的设计。

2)NC 编程

NC 编程系统通过显示器上的人机对话形式实现待加工零件的 NC 编程。为了检查所生成的程序能否正确地控制 NC 机床工作,可以在显示器上进行机床的加工运动仿真,操作者通过观察仿真过程来判断程序的正确性。

3)机器人编程

机器人在物料搬运、上下料和自动装配中是不可缺少的。在生产线外,通过机器人编程系统进行编程。通过机器人的动作仿真功能,在显示器上确认机器人的动作是否正确,是否会与周围的其他装置发生碰撞,来检查所生成的程序的正确性。

1.2.3 CAD/CAM 系统选择原则

1. 系统设计的总体原则

1)实用化原则

CAD/CAM 系统是一项实用性、针对性很强的技术,具有高投入、高产出、高风险的特征。实施 CAD/CAM 技术必须以实用性为前提,否则很难带来经济效益和社会效益。设计系统时必须明确应用领域和对象,要达到的目标及需要的关键技术。

2)适度先进性原则

CAD/CAM技术是一项处于不断发展和完善中的技术。在设计系统时,要有发展的眼光,对CAD/CAM技术的未来有一定的预测,选用实用性强、技术先进且成熟的设备与软件,降低投资风险。

3)系统性原则

系统性原则有两方面的含义,一是指在系统设计时要充分考虑功能、软硬件配置上的完整性,二是指充分考虑各硬件设备和软件在功能、性能方面的匹配。由此确定系统集成水平,提出对系统硬件、软件、数据库、网络、接口的具体要求。

4)整体设计与分步实施原则

如上所述,CAD/CAM是处于不断发展和完善中的高投入高风险技术,在进行设计时既要考虑实用性和企业承受能力,又要考虑先进性和系统性,要求将近期目标与长远目标相结合。实施时充分考虑实用性和承受能力,分步实施,逐步建设。

2. 硬件选用原则

1)系统功能

CPU的能力,内、外存容量,输入、输出性能,图形显示和处理能力,多种外部设备的接口,联网能力。

2)系统的开放性和可移植性

开放性:独立于制造商,遵循国际标准的应用环境;为各种应用软件提供数据、信息,提供交互操作移植界面;新安装的系统能与原安装的计算机环境进行交互操作。

可移植性:是指应用程序从一个平台移植到另一个平台的方便程度。

3)系统的升级扩展能力

由于硬件的发展更新很快,为保护用户的投资不受或少受损失,应注意欲购产品的内在结构,是否具有随着应用规模的扩大而升级扩展的能力,能否向下兼容,在扩展系统中继续使用。

4)系统的可靠性、可维护性与服务质量

可靠性:在给定时间内,系统运行不出错的概率。应注意了解欲购产品的平均年维修率、系统故障率等指标。

可维护性:排除系统故障,以及满足新的要求的难易程度。

服务质量:考虑供应商的资产可信程度、信誉和发展趋势,是否具有维护服务机构、手段和售后服务能力,是否提供有效的技术支持、培训、故障检修和技术文档,产品的市场占有率和已有用户的反映。

5)良好的性能价格比

目前,CAD/CAM系统硬件的生产厂家和供应商很多,同样功能的设备,不同厂家生产的产品在性能价格方面有很大的差异,不同供货渠道,价格上也有一定差异。因此,在产品型号的选定时,要进行系统的调研与比较,选择具有良好性能价格比的产品。

3. 软件选用原则

1）软件性能价格比

与硬件系统一样，选用软件时也要进行系统调研与比较，选择满足要求、运行稳定可靠、容错性好、人机界面友好、具有良好性能价格比的产品。同时，要注意选用软件的版本号、推出的日期及与前一版本比较的功能改进等方面。

2）与硬件匹配性

不同的软件往往要求不同的硬件环境支持。如软、硬件都需配置应先选软件，它决定着系统功能。如已有硬件，只配软件，则要考虑硬件的能力，配备相应档次的软件。大多数软件分工作站和微机版，有的是跨平台的。

3）开放性

所选用的软件应与系统中的设备、其他软件和通用数据库具有良好的接口、数据格式转换和集成能力，具备驱动绘图机及打印机等设备的接口，具备升级能力，便于系统的应用和扩展。

4）可靠性

所选软件应在遇到一些极限情况处理和某些操作时，能进行相应的处理而不产生系统死机和系统崩溃。

5）二次开发能力与环境

为高质、高效地充分发挥软件的作用，通常都需进行二次开发，要了解所选软件是否具备二次开发可能性、开放性程度、所提供的二次开发工具、二次开发所需的环境和编程语言。有的软件提供专用的二次开发语言，有的则采用通用的编程语言进行二次开发，前者的专用性强、学习和培训量大，但使用效率高，后者则相反。

1.3 常用 CAD/CAM 集成软件介绍

1.3.1 CAXA 制造工程师

CAXA 制造工程师是由北京数码大方科技有限公司研制开发的计算机辅助设计与制造软件。CAXA 的含义是"领先一步的计算机辅助技术和服务"（Computer Aided X Alliance - Always a Step Ahead）。

CAXA 制造工程师提供多种 NURBS 曲面造型手段：可通过列表数据、数学模型、字体、数据文件及各种测量数据生成样条曲线；通过扫描、放样、旋转、导动、等距、边界网格等多种形式生成复杂曲面；并提供裁剪、延伸、缝合、拼接、过渡等曲线曲面裁剪手段。特征实体造型方面主要有拉伸、旋转、导动、放样、倒角、圆角、打孔、筋板、分模等特征造型方式，可以将二维的草图轮廓快速生成三维实体模型。

CAXA 制造工程师具有多样化的加工方式，可以安排从粗加工、半精加工、到精加工的加工工艺路线，高效生成刀具轨迹。通过运用知识加工，经验丰富的编程者则可以将加工的步骤、刀具、工艺条件进行记录、保存和重用，大幅提高编程效率和编程的自动化程度；数控编程的初学者可以快速学会编程，共享经验丰富的编程者的经验和技巧。并且随着企业加工工艺知识的积累和规范化，形成企业标准化的加工流程。

CAXA 制造工程师可自动按加工的先后顺序生成加工工艺单。在加工工艺单上有必要的毛坯信息、零件信息、刀具信息、代码信息、加工时间信息，方便编程者和机床操作者之间的交流，减少加工中错误的产生。CAXA 制造工程师也具有轨迹仿真手段，以检验数控代码的正确性。可以通过实体真实感仿真模拟加工过程，显示加工余量；自动检查刀具切削刃、刀柄等在加工过程中是否存在干涉现象，确保加工正确无误。

1.3.2 Mastercam

Mastercam 是美国 CNC 公司开发的基于 PC 平台的 CAD/CAM 软件，它具有方便直观的几何造型。Mastercam 提供了设计零件外形所需的理想环境，其强大稳定的造型功能可设计出复杂的曲线、曲面零件。曲线功能有可设计、编辑复杂的二维、三维空间曲线，还能生成方程曲线，尺寸标注、注释等也很方便。曲面功能有采用 NURBS、PARAMETRICS 等数学模型，有十多种生成曲面方法；还具有曲面修剪、曲面间等（变）半径导圆角、倒角、曲面偏置、延伸等编辑功能。

Mastercam 具有强劲的曲面粗加工及灵活的曲面精加工功能，提供了多种先进的粗加工技术，以提高零件加工的效率和质量；其多轴加工功能，为零件的加工提供了更多的灵活性；它还具有可靠的刀具路径校验功能，Mastercam 可模拟零件加工的整个过程，模拟中不但能显示刀具和夹具，还能检查刀具和夹具与被加工零件的干涉、碰撞情况。

Mastercam 提供 400 种以上的后置处理文件以适用于各种类型的数控系统，在加工过程中使用可直接实现 DNC 加工。

1.3.3 Pro/Engineer

Pro/Engineer 系统是美国参数技术公司（Parametric Technology Corporation，PTC）的产品。Pro/Engineer 是软件包，并非模块，它是该系统的基本部分，其功能包括参数化功能定义，实体零件及组装造型，三维上色，实体或线框造型，完整工程图的产生及不同视图的展示（三维造型还可移动，放大或缩小和旋转）。

Pro/Engineer 是一个功能定义系统，即造型是通过各种不同的设计专用功能来实现的，其中包括筋（Ribs）、槽（Slots）、倒角（Chamfers）和抽空（Shells）等，采用这种手段来建立形体，对于工程师来说是更自然，更直观，无须采用复杂的几何设计方式。系统的参数化功能是指系统采用符号式的方式赋予形体尺寸，不像其他系统是直接指定一些固定数值于形体。参数化功能使工程师可任意建立形体上的尺寸和功能之间的关系，任何一个参数改变，其相关的特征也会自动修正。这种功能使得修改更为方便，可令设计优化更趋完美。

Pro/Engineer 还可输出三维和二维图形给其他应用软件，如有限元分析及后置处理等，这些都是通过标准数据交换格式来实现的，用户更可配上 Pro/Engineer 软件的其他模块或自行利用 C 语言编程，以增强软件的功能。

Pro/Engineer 系统主要功能特点如下：
（1）真正的全相关性，任何地方的修改都会自动反映到所有相关地方。
（2）具有真正管理并发进程、实现并行工程的能力。
（3）具有强大的装配功能，能够始终保持设计者的设计意图。
（4）容易使用，可以极大地提高设计效率。

1.3.4　UG

UG 是 Unigraphics Solutions 公司的拳头产品。Unigraphics Solutions 公司（简称 UGS）是全球著名的 MCAD 供应商，主要为汽车与交通、航空航天、日用消费品、通用机械及电子工业等领域通过其虚拟产品开发（VPD）的理念提供多级化的、集成的、企业级的包括软件产品与服务在内的完整的 MCAD 解决方案。其主要的 CAD 产品是 UG。

UG 最早应用于美国麦道飞机公司。它是从二维绘图、数控加工编程、曲面造型等功能发展起来的软件。

UG 具有丰富的曲面建模工具。包括直纹面、扫描面、通过一组曲线的自由曲面、通过两组类正交曲线的自由曲面、曲线广义扫掠、标准二次曲线方法放样、等半径和变半径倒圆、广义二次曲线倒圆、两张及多张曲面间的光顺桥接、动态拉动调整曲面、等距或不等距偏置、曲面裁减、编辑、点云生成、曲面编辑。

1.3.5　Cimatron

Cimatron CAD/CAM 系统是以色列 Cimatron 公司的 CAD/CAM/PDM 产品，是较早在微机平台上实现三维 CAD/CAM 全功能的系统。该系统提供了比较灵活的用户界面，优良的三维造型、工程绘图，全面的数控加工，各种通用、专用数据接口，以及集成化的产品数据管理。Cimatron CAD/CAM 系统自从 20 世纪 80 年代进入市场以来，在国际上备受工业和模具制造业的欢迎。使用 Cimatron 的 CAD/CAM 解决方案能为各种行业制造产品，这些行业包括汽车，航空航天，计算机、电子、消费类商品制造业，医药，军事，光学仪器，通信和玩具制造业等。

Cimatron 混合建模技术具有线框造型、曲面造型和参数化实体造型手段。曲面和线框造型工具是基于一些高级的算法，这些算法不仅能生成完整的几何实体，而且能对其进行灵活地控制和修改。基于参数化，变量化和特征化的实体造型意味着自由和直观的设计，可以非常灵活地定义和修改参数和约束，不受模型生成秩序的限制。草图工具利用智能的导引技术来控制约束。简捷的交互意味着高效的设计和优化。

1.4　CAD/CAM 技术的发展趋势

1.4.1　CAD/CAM 交互化

应用可视化技术、虚拟现实技术、面向对象技术、多媒体技术及高速网络技术等有助于实现 CAD/CAM 的交互化。实现科学计算可视化可大大加快数据的处理速度，可以在人与数据、人与人之间实现图像通信，从而观察到传统的科学计算中不可能观察到的现象和规律，了解过程中发生的变化，并可通过改变参数对计算过程实现引导和控制，使科学计算和工程设计方式发生根本的变化。

1. 虚拟现实技术

虚拟现实（Virtual Reality，VR）是一种综合计算机图形学技术、计算机仿真技术、通信技术、人机接口技术、传感技术、多媒体技术、并行实时计算技术、人工智能等多种学科而发展起来的最新技术。VR 并不是真实的世界，也不是现实，而是一种可交替的环境，虚拟现实技术使人们处在计算机创建的虚拟环境中，并以自然的交互方式与虚拟环境交换信息。

虚拟现实技术为人们提供相互作用式的多维图像、声音、气味等虚拟环境，研究人员可以用视觉、触觉、听觉、味觉等感官对虚拟的对象进行逼真体验，研究人员可以直接参与和探索虚拟对象在所处环境中的作用和变化，仿佛置身于一个虚拟的世界中。CAD/CAM 虚拟环境使设计者处在自己想象的设计空间，亲临现场似的对产品和工程进行设计和布置，这样能够充分发挥设计者的聪明智慧，使设计做到尽善尽美。

2. CAD 中的虚拟现实技术

CAD 虚拟现实技术多处于研发阶段，下面介绍虚拟现实技术在 CAD 系统的一些发展现状。

1) 基于特征的 CAD 系统

这种系统在建立复杂的有多个空腔的模型时，具有比传统的 CAD 系统高得多的效率。在三维的虚拟环境界面下，给零件增加一个特征（孔、凸台等）时，用户被系统引到合适的表面上，直接在该表面上创建特性。同时，系统还潜在地执行了相邻特性间的约束和边界冲突侦测，并向工序计划者反映了加工一般零件的最快途径。

2) 概念设计

应用概念虚拟设计系统，用户在三维虚拟环境中用语音命令和手势来创建、选择和操作三维模型对象，而不需要对模型对象精确的形状和位置进行描述。同时，它也提供鼠标、键盘和虚拟工具来创建复杂的表面形状，以及真正的三维视角和操作。概念设计在降低设计成本、减少返工率和充分发挥设计者的想象力等方面具有很多优点。

3) 虚拟装配

使用计算机工具通过分析、预建模、可视化方法，做出或"辅助"与装配有关的工程决策，而不需要制作真实的物体或支持过程来获得数据。虚拟装配环境允许设计者在设计时"虚拟操作"产品，开发支持机械零件装配的模型、工具和环境，辅助开发装配设计、维护设计和装配计划。

1.4.2 CAD/CAM 智能化

CAD/CAM 面临的对象往往是一个复杂的整体，它的设计与制造涉及许多学科的专业知识和丰富的专家经验。

一般的 CAD/CAM 系统可以完成建模、绘图、分析计算等数值计算性工作,但一些符号推理性工作,如总体设计、流程、方案设计、确定决策等,常常无法通过建立准确的数学模型并用数值计算方法来解决,必须运用设计者所具备的知识和经验通过思考、推理和判断来解决。一个好的决策往往需要通过分析、综合、全面运筹,才能最后决断,这是一种创造性的活动。当前,CAD/CAM 系统在设计和制造过程起辅助作用,而非创造性工作,用户在使用系统时,需要具备较高的专业知识和较丰富的实践经验,多数的 CAD/CAM 系统为人机交互型。由于传统的 CAD/CAM 系统缺乏综合和选择能力,为此,人们提出了智能 CAD/CAM,即把人工智能(Artificial Intelligence,AI)的思想、方法和技术引入传统的 CAD/CAM 系统中,分析、归纳设计工艺知识,模拟人脑推理分析,提出设计工艺方案,从而提高设计工艺水平,缩短周期,降低成本。

CAD/CAM 专家系统具有一定的智能能力,能提出和选择设计方法与策略;使计算机能支持设计过程的各个阶段,包括概念设计与初步设计;尽量减少人的干预,使设计能自动地进行。

作为人工智能的一个最重要、最活跃的分支,专家系统(Expert System)为我们提供了一个强有力的工具,将专家系统应用于 CAD/CAM 系统,利用计算机进行推理,可以形成强有力的智能型 CAD/CAM 系统。

1.4.3 CAD/CAM 网络化

通过计算机的网络互连,每一用户可共享网中任意位置上的资源,做到硬件、软件、信息资源共享和协调合作,发挥更大的效能。CAD 中所需的所有公用信息,如图形、零件、文件、编码等都存储在服务器所带的一个公用数据库中,而各台工作站可以通过网络共享其中的数据,进行各自的设计工作。工作站之间也可以通过网络交换相互所需的处理中间结果或最后结果。

CAM 系统涉及制造设备、可编程控制器、传送设备、机器人和其他机电产品等,更需要通过网络将它们和计算机及各种专用的外部设备互连在一起。将 CAD、CAPP 和 CAM,以及管理与决策信息系统等合成在一起构成的计算机集成制造系统(CIMS),将整个工厂综合成有机的整体,实现信息的集成和传递。这种网络是多机种的计算机网络,以 CAD/CAM 为主体,并以综合数据库管理系统为核心,管理全厂信息,准确、及时和可靠地产生、存储、检索和转换信息,并能快速地进行产品的生产。

只有通过计算机网络将各个子系统互连在一起才能实现数据的交换、共享和集成,减少中间数据的重复输入/输出过程,从而大大地提高整个系统从订单、备料、设计、工艺到生产和供货全过程的效率,加速新产品的开发,提高质量,降低成本,缩短交货周期和压缩库存,以提高企业在市场的竞争力。

CAD/CAM 系统涉及不同结构、品牌及型号的各种计算机和外围设备,因而将它们互连的网络应是开放式和标准化的。

思 考 题

1. 简述 CAD/CAM 的基本概念。
2. 简述 CAD/CAM 系统的基本功能。
3. 简要说明 CAD/CAM 系统的基本组成。
4. 在建立 CAD/CAM 系统时应考虑哪些问题?
5. 简述 CAD/CAM 系统软件的选用原则。
6. 简述 CAD/CAM 的发展趋势。

第 2 章　CAXA 制造工程师 2011 入门

CAXA 制造工程师 2011 是我国国产的具有卓越工艺性的 CAD/CAM 软件，它为数控加工行业提供造型设计到加工代码生成、校验一体化的全面解决方案。广泛应用于塑模、锻模、汽车覆盖件拉伸模、压铸模等复杂模具生产，以及汽车、电子、兵器、航空航天等行业的精密零件加工。

2.1　CAXA 制造工程师 2011 工作界面

CAXA 制造工程师 2011 工作界面主要由绘图区、主菜单、工具条、特征树栏、立即菜单、状态栏等组成。各种应用功能通过菜单和工具条驱动；状态栏指导用户进行操作并提示当前状态和所处位置；特征树栏记录了历史操作的相互关系；绘图区显示各种功能操作的结果；同时，绘图区和特征树栏为用户提供了数据的交互功能。CAXA 制造工程师 2011 工作界面如图 2.1 所示。

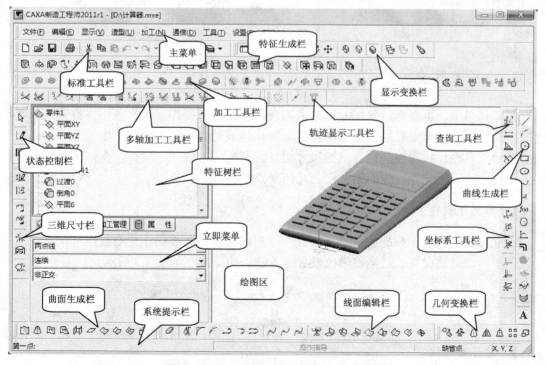

图 2.1　CAXA 制造工程师 2011 工作界面

2.1.1 主菜单

主菜单是界面最上方的菜单条,单击菜单条中的任意一个菜单项,都会弹出一个下拉式菜单,指向某一个菜单项会弹出其子菜单。菜单条与子菜单构成了下拉主菜单,如图2.2所示。

主菜单包括文件、编辑、显示、造型、加工、通信、工具、设置和帮助。每个部分都含有若干个下拉菜单。

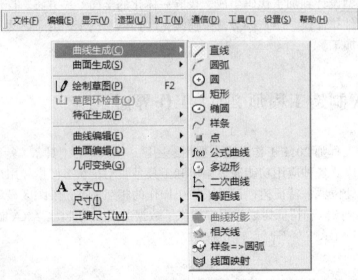

图2.2 下拉主菜单

2.1.2 工具条

在工具条中,可以通过鼠标左键单击相应的按钮进行操作。工具条可以自定义,界面上的工具条包括标准工具栏、显示变换栏、特征生成栏、加工工具栏、多轴加工工具栏、轨迹显示工具栏、状态控制栏、三维尺寸栏、特征树栏、曲线生成栏、查询工具栏、坐标系工具栏、曲面生成栏、线面编辑栏、几何变换栏。

1. 标准工具栏

标准工具栏包含了标准的"打开文件"、"打印文件"等按钮,也有绘图环境下的"层设置"、"拾取过滤设置"、"当前颜色设置"按钮。快捷按钮如图2.3所示。

图2.3 标准工具栏

2. 显示变换栏

显示变换栏包含了"缩放"、"移动"、"视向定位"等选择显示方式的按钮。快捷按钮如图 2.4 所示。

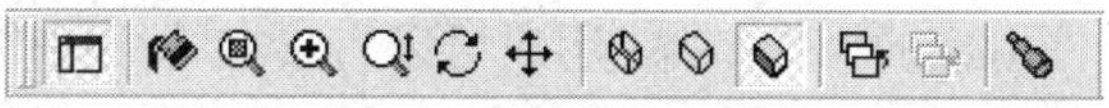

图 2.4　显示变换栏

3. 特征生成栏

特征生成栏包含了"拉伸"、"导动"、"过渡"、"阵列"等丰富的特征造型手段。快捷按钮如图 2.5 所示。

图 2.5　特征生成栏

4. 加工工具栏

加工工具栏包含了"区域式粗加工"、"等高线粗加工"、"参数线精加工"、"扫描线精加工"、"孔加工"等各种加工方式。快捷按钮如图 2.6 所示。

图 2.6　加工工具栏

5. 多轴加工工具栏

多轴加工工具栏包含了"四轴柱面曲线加工"、"四轴平切面加工"、"单线体刻字加工"、"五轴侧铣加工"等按钮。快捷按钮如图 2.7 所示。

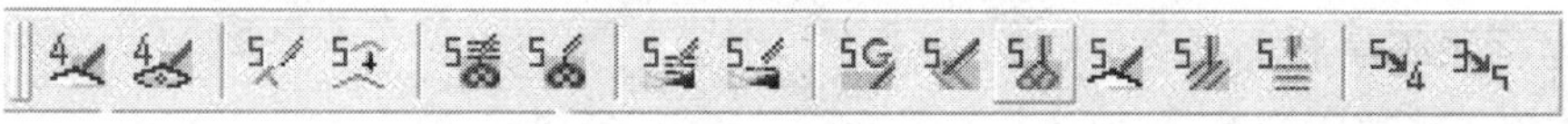

图 2.7　多轴加工工具栏

6. 轨迹显示工具栏

轨迹显示工具栏包含了"动态简化显示"、"刀位点显示"、"刀心轨迹显示"三个常用按钮。快捷按钮如图 2.8 所示。

7. 状态控制栏

状态控制栏包含了"终止当前命令"、"草图状态开关"、"启动二维电子图板"、"启动数据接口"四个常用按钮。快捷按钮如图 2.9 所示。

图 2.8　轨迹显示工具栏

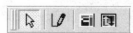

图 2.9　状态控制栏

8. 三维尺寸栏

三维尺寸栏包含了"标注"、"编辑"、"隐藏三维尺寸"等按钮。快捷按钮如图 2.10 所示。

9. 特征树栏

特征树栏记录了零件生成的操作步骤,用户可以直接在特征树中对零件特征进行编辑,如图 2.11 所示。

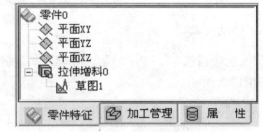

图 2.10　三维尺寸栏　　　　　图 2.11　特征树栏

10. 曲线生成栏

曲线生成栏包含了"直线"、"圆弧"、"公式曲线"等丰富的曲线绘制工具。快捷按钮如图 2.12 所示。

图 2.12　曲线生成栏

11. 查询工具栏

查询工具栏包含了"坐标"、"距离"、"角度",以及"草图"、"线面"、"实体"等图素的属性。快捷按钮如图 2.13 所示。

12. 坐标系工具栏

坐标系工具栏包含了"创建"、"激活"、"删除"、"隐藏"、"显示"坐标系。快捷按钮如图 2.14 所示。

图 2.13　查询工具栏　　　　　图 2.14　坐标系工具栏

13. 曲面生成栏

曲面生成栏包含了"直纹面"、"旋转面"、"扫描面"等曲面生成工具。快捷按钮如图 2.15 所示。

图 2.15　曲面生成栏

14. 线面编辑栏

线面编辑栏包含了曲线的"裁剪"、"过渡"、"拉伸"和曲面的"裁剪"、"过渡"、"缝合"等编辑工具。快捷按钮如图 2.16 所示。

图 2.16 线面编辑栏

15. 几何变换栏

几何变换栏包含了"平移"、"镜像"、"旋转"、"阵列"等几何变换工具。快捷按钮如图 2.17 所示。

图 2.17 几何变换栏

2.1.3 对话框

某些菜单选项要求用户以对话的形式予以回答,单击这些菜单时,系统会弹出一个对话框,如图 2.18 所示,用户可根据当前操作做出响应。

图 2.18 "拉伸增料"对话框

2.1.4 快捷菜单

光标处于不同的位置,单击鼠标右键会弹出不同的快捷菜单。熟练使用快捷菜单,可以提高绘图速度。

(1) 将光标移到特征树栏的草图上,单击右键,弹出的快捷菜单如图 2.19 所示。

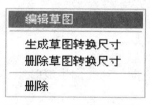

图 2.19 快捷菜单 1

（2）将光标移到特征树栏的特征上，单击右键，弹出的快捷菜单如图 2.20 所示。
（3）在任意菜单空白处，单击右键，弹出的快捷菜单如图 2.21 所示。

图 2.20　快捷菜单 2　　　　图 2.21　快捷菜单 3

2.1.5　点工具菜单

工具点就是在操作过程中具有几何特征的点，如圆心点、切点、端点等。

点工具菜单就是用来捕捉工具点的菜单。用户进入操作命令，需要输入特征点时，只要按下空格键，即在屏幕上弹出点工具菜单，如图 2.22 所示。

图 2.22　点工具菜单

2.1.6　矢量工具菜单

矢量工具菜单主要用来选择方向，在曲面生成时经常用到，如图 2.23 所示。

图 2.23 矢量工具菜单

2.1.7 立即菜单

立即菜单描述了该项命令执行的各种情况和使用条件。用户根据当前的作图要求，正确地选择某一选项，即可得到准确的响应。在图 2.24 中显示的是画直线的立即菜单。

在立即菜单中，用鼠标选择其中的某一项（如"两点线"），便会在下方出现一个选项菜单或者改变该项的内容。

第一点：	操作指导	缺省点	X, Y, Z

图 2.24 "画直线"立即菜单

2.1.8 绘图区

绘图区是用户进行绘图设计的工作区域，它位于工作界面的中心，并占据了工作界面的大部分面积。在绘图区的中央设置了一个三维直角坐标系，该坐标系称为世界坐标系。它的坐标原点为（0.000，0.000，0.000）。在操作过程中的所有坐标均以此坐标系的原点为基准。

2.2 常用键和导航信息

CAXA 制造工程师 2011 中大多数常用键的用法与传统的用法一样，但也有其独特的地方。掌握常用键的应用和熟悉导航信息是学好本课程的关键。

2.2.1 鼠标键

鼠标左键可以用来激活菜单，确定位置点，拾取元素等；鼠标右键用来确认拾取，结束操作，终止命令。

例如，要执行画直线功能，先要把光标移动到"直线"按钮上，然后单击鼠标左键，激活画直线功能，这时，在命令提示区出现下一步操作的提示："第一点"，把光标移动到绘图区内，单击鼠标左键，输入一个位置点，再根据提示输入第二个位置点，就生成了一条直线。

又如，在删除几何元素时，当拾取完要删除的元素后，单击鼠标右键就可以结束拾取，被拾取到的元素就被删除了。

2.2.2 回车键和数值键

回车键和数值键在系统要求输入点时，可以激活一个坐标输入条，在输入条中可以输入坐标值。如果坐标值以@开始，表示一个相对于前一个输入点的相对坐标；在某些情况下也可以输入字符串。

2.2.3 空格键

当系统要求输入点、矢量方向和选择拾取方式时，按空格键可以弹出相应的菜单，便于查找选择。

例如，在系统要求输入点时，按空格键可以弹出点工具菜单。

2.2.4 热键

零件设计为用户提供热键操作，对于一个熟练的零件设计用户，热键将极大的提高工作效率，用户还可以自定义想要的热键。

零件设计中设置了以下几种功能热键：

（1）F1 键：请求系统帮助。
（2）F2 键：草图器。用于绘制草图状态与非绘制草图状态的切换。
（3）F3 键：显示全部。
（4）F4 键：重画。
（5）F5 键：将当前平面切换至 XOY 面。同时将显示平面置为 XOY 面，将图形投影到 XOY 面内进行显示。
（6）F6 键：将当前平面切换至 YOZ 面。同时将显示平面置为 YOZ 面，将图形投影到 YOZ 面内进行显示。
（7）F7 键：将当前平面切换至 XOZ 面。同时将显示平面置为 XOZ 面，将图形投影到 XOZ 面内进行显示。
（8）F8 键：显示立体图。
（9）F9 键：切换作图平面（XY、XZ、YZ）。
（10）方向键（←、↑、→、↓、）：显示平移。
（11）Shift+方向键（←、↑、→、↓、）：显示旋转。
（12）Ctrl+↑：显示放大。
（13）Ctrl+↓：显示缩小。
（14）Shift+ 鼠标左键：显示旋转。

（15）Shift＋鼠标右键：显示缩放。

（16）Shift＋鼠标左键＋右键：显示平移。

2.2.5 拾取与导航

光标显示的不同，表明拾取的导航信息也不同，如表 2.1 所示。

表 2.1 光标显示与拾取导航信息

状 态	光 标 显 示	拾取导航信息	光 标 显 示	拾取导航信息
在进行各种曲线绘制时		绘制直线		绘制等距线
		绘制圆弧		进行曲线投影
		绘制圆		绘制相关线
		绘制样条线		输入文字
		绘制矩形		进行尺寸标注
		绘制点		

状 态	光 标 显 示	拾取导航信息
在绘制图形时，拾取点、线和标注尺寸		单击鼠标左键，拾取到的直线
		单击鼠标左键，拾取到的圆及圆弧
		单击鼠标左键，拾取到的各种样条线
		单击鼠标左键，拾取到的点
		单击鼠标左键，拾取到的标注尺寸
在实体上进行"点"、"线"、"面"拾取时		单击鼠标左键，拾取到的是实体的一个"曲面"
		单击鼠标左键，拾取到的是实体的一个"平面"
		单击鼠标左键，拾取到的是实体的一条"棱边"
		单击鼠标左键，拾取到的是实体上的一个"顶点"
		单击鼠标左键，拾取到的是"坐标系原点"

2.3 快速入门

通过以上的介绍，我们对 CAXA 制造工程师 2011 有了一个感性的认识，下面通过象棋子的造型，进一步了解其应用。

本任务涉及的内容有草图、绘制圆、文字、拉伸增料、拉伸除料、实体过渡等。

2.3.1 绘制草图

（1）选择特征树栏中的"零件特征"，单击"平面 XY"作为绘制草图的基准平面，再单击"绘制草图"按钮，在特征树中出现"草图0"，如图2.25所示。

（2）直接单击"画圆"按钮，或者选择菜单中的"造型"→"曲线生成"→"圆"，特征树栏下弹出画圆的立即菜单 圆心_半径 。将光标移至坐标原点，单击鼠标左键确定中心位置（单击坐标原点），用键盘输入半径"15"，生成圆，如图2.26所示，单击鼠标右键结束。

图 2.25　特征树

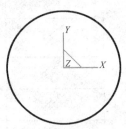

图 2.26　生成圆

2.3.2 拉伸基本体

（1）单击"拉伸增料"按钮，或选择菜单"造型"→"特征生成"→"增料"→"拉伸"，弹出"拉伸增料"对话框，如图2.27所示。

（2）在对话框中输入拉伸的深度值为"10"，单击"确定"按钮，完成基本体拉伸。

（3）完成基本体拉伸后，为了便于观察，按F8键显示立体图，单击"真实感显示"按钮，如图2.28所示。

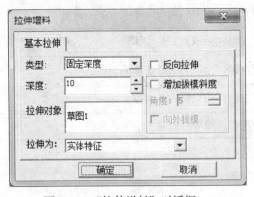

图 2.27　"拉伸增料"对话框

图 2.28　生成圆柱体

2.3.3 生成凹面

（1）单击上表面（实体边界线变为红色），单击"绘制草图"按钮，在特征树中出现"草

图1",如图 2.29 所示。

(2)单击"画圆"按钮 ⊙,或选择菜单"造型"→"曲线生成"→"圆",将光标移至坐标原点,单击鼠标左键确定中心位置(单击坐标原点),输入半径"13",生成圆形,如图 2.30 所示。

图 2.29 特征树

图 2.30 画圆

(3)单击"拉伸除料"按钮,或选择菜单"造型"→"特征生成"→"除料"→"拉伸",弹出"拉伸除料"对话框。

(4)在对话框中输入除料的深度值为"2",单击"确定"按钮,完成凹面的绘制,如图 2.31 所示。

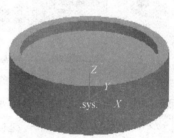
图 2.31 完成凹面的绘制

2.3.4 生成文字实体

(1)按快捷键 F5 键,改变观察的角度,把光标移到坐标原点附近,单击上表面(实体边界线变为红色),单击"绘制草图"按钮,在特征树中出现"草图 2",如图 2.32 所示。

图 2.32 特征树

（2）单击"文字"按钮 **A**，或选择菜单"造型"→"文字"，确定文字插入点的定位方式为"中心定位"，在特征树栏下的立即菜单中选择"中心"，如图2.33所示。按回车键，弹出坐标输入框，输入文字中心坐标（0，3），指定文字的插入点。

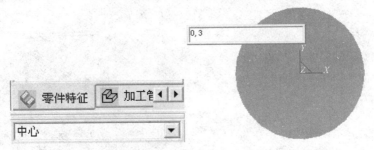

图2.33　确定文字插入点的定位方式及文字中心坐标

（3）在弹出的"文字输入"对话框中输入文字"马"，如图2.34所示。

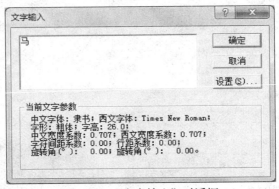

图2.34　"文字输入"对话框

（4）单击"文字输入"对话框中的"设置"按钮，设定文字的参数，如图2.35所示，单击"确定"按钮完成设置。

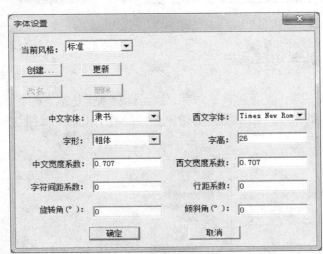

图2.35　"字体设置"对话框

(5)单击"文字输入"对话框中的"确定"按钮,生成文字,如图 2.36 所示。

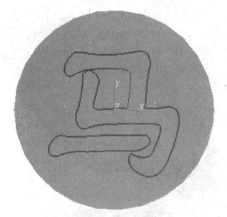

图 2.36 生成文字

(6)单击"拉伸增料"按钮,或选择菜单"造型"→"特征生成"→"增料"→"拉伸",弹出"拉伸增料"对话框,在对话框中输入拉伸的深度值为"2",单击"确定"按钮,完成文字的拉伸。完成文字拉伸后,为了便于观察,按 F8 键显示立体图,如图 2.37 所示。

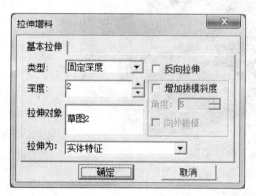

图 2.37 象棋实体造型

实 战 练 习

1. 完成图 2.38 所示笔筒的造型(自定义尺寸)。

图 2.38 笔筒

2. 完成图 2.39 所示阶梯轴的造型（自定义尺寸）。

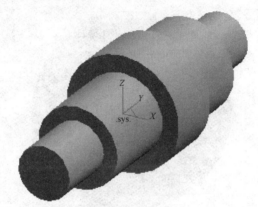

图 2.39　阶梯轴

3. 完成图 2.40 所示的造型（自定义尺寸）。

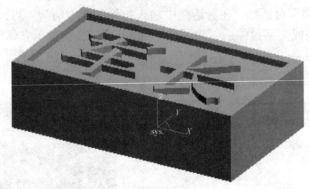

图 2.40　军棋

第 3 章 曲线绘制

二维图形——草图，是生成三维实体必须依赖的曲线组合，是为特征造型准备的平面封闭图形，这些图形通常是由直线、圆、椭圆、矩形、圆弧等曲线组合而成的。CAXA 制造工程师 2011 为曲线绘制提供了十六项功能：直线、圆弧、圆、矩形、椭圆、样条线、点、公式曲线、多边形、二次曲线、等距线、曲线投影、相关线、样条转圆弧、线面映射和文字。在本章中我们将详细介绍各种绘制二维图形的方法。

3.1 绘制压板轮廓图

压板轮廓图由圆形、圆弧、直线组成。本任务将应用圆、圆弧、直线、等距线等命令实现图形的绘制。压板轮廓图如图 3.1 所示。

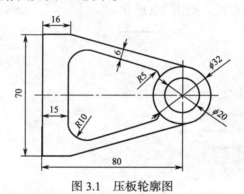

图 3.1 压板轮廓图

从图 3.1 可以看出，压板轮廓图中 $\phi32$ 和 $\phi20$ 圆可直接用画圆的命令在原点绘制，外围直线用直线命令绘制，内部直线可应用等距线命令绘制，然后通过圆弧过渡实现图形连接。

3.1.1 压板轮廓图的绘制步骤

1. 绘制圆

（1）选择特征树栏中的"零件特征"，单击"平面 XY"作为绘制草图的基准平面，再单击"绘制草图"按钮 ，在特征树中出现"草图 0"。

（2）单击"圆"按钮 ，或选择菜单"造型"→"曲线生成"→"圆"，在立即菜单中选择"圆心_半径"。

（3）选择圆心位置：拾取坐标原点。

（4）输入小圆的半径：10，按回车键；再输入大圆半径：16，按回车键，即生成大小两个圆,如图 3.2 所示。

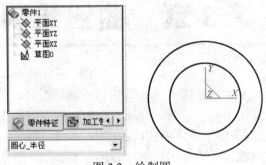

图 3.2　绘制圆

2. 绘制直线

(1)单击"直线"按钮，或选择菜单"造型"→"曲线生成"→"直线",选择"两点线"、"单个"、"正交"、"长度方式",输入长度:16,按回车键。

(2)输入直线的第一点坐标:(-80,35),用鼠标在该点的右方单击,图形左上方即生成一条长度为 16 的直线。再次输入坐标:(-80,-35),鼠标在该点的右方单击,图形左下方即生成一条与之对称的直线,如图 3.3 所示。

图 3.3　绘制上、下直线

(3)在"直线"立即菜单中,选择"两点线"、"单个"、"正交"、"点方式",分别拾取上、下两直线的左端点,生成左侧直线,如图 3.4 所示。

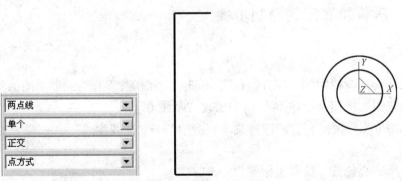

图 3.4　绘制左端直线

（4）在立即菜单中选择"非正交"，拾取第一点：上方直线的右端点，第二点：按空格键，在点工具菜单中选择"T 切点"或按字母键"T"，然后单击φ32 圆的上方轮廓，即生成上方斜线，按同样步骤完成下方的斜线，如图 3.5 所示。

 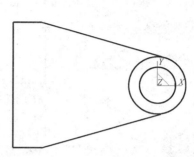

图 3.5　画斜线

（5）单击"等距线"按钮，或选择菜单"造型"→"曲线生成"→"等距线"，在立即菜单中选择"单根曲线"、"等距"、输入距离：15，拾取左方直线，在该线段的右方单击，即生成一条与该直线距离为 15 的平行线。

（6）在立即菜单中输入距离：6，用上述方法绘制出与上、下两斜线距离为 6 的平行线，如图 3.6 所示。

 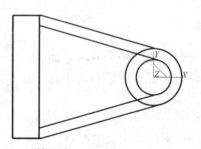

图 3.6　画等距线

（7）单击"曲线过渡"按钮，或选择菜单"造型"→"曲线编辑"→"曲线过渡"，在立即菜单中选择"圆弧过渡"、"裁剪曲线 1"和"裁剪曲线 2"，输入半径：10。分别拾取两连接线段，即完成左侧圆弧的过渡与裁剪，如图 3.7 所示。

 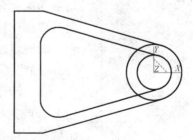

图 3.7　R10 圆弧过渡

（8）在"曲线过渡"立即菜单中选择"圆弧过渡"、"裁剪曲线 1"和"不裁剪曲线 2"，输入半径：6。按顺序先拾取上方斜线（裁剪），后拾取φ32 圆（不裁剪），即完成圆弧过渡与裁剪。至此完成整个图形绘制，如图3.8所示。

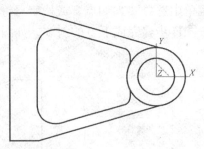

图 3.8　R6 圆弧过渡

3.1.2　知识链接

1. 草图

草图是生成三维实体必须依赖的封闭曲线组合，即为特征造型准备的一个平面图形，也就是图中所示的投影图形，草图曲线就是在草图状态下绘制的曲线。

绘制草图的过程可分为：①确定草图基准平面；②选择草图状态；③图形的绘制；④图形的编辑；⑤草图参数化。

2. 基准平面

在草图中曲线必须依赖一个基准平面，开始一个新草图前也就必须选择一个基准平面。

基准平面可以是特征树中已有的坐标平面（如 XY、YZ、XZ 坐标平面），也可以是实体中生成的某个平面。

1）选择基准平面

实现选择很简单，只要用鼠标点取特征树中的平面（包括三个坐标平面和构造的平面）的任何一个，或直接用鼠标点取已生成实体的某个平面就可以了。

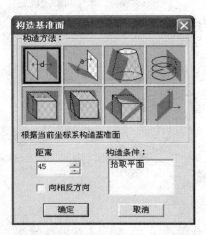

图 3.9　"构造基准面"对话框

2）构造基准平面

基准平面是草图和实体赖以生存的平面。CAXA 制造工程师中提供了"等距平面确定基准平面"、"过直线与平面成夹角确定基准平面"、"生成曲面上某点的切平面"、"过点且垂直于曲线确定基准平面"、"过点且平行于平面确定基准平面"、"过点和直线确定基准平面"和"三点确定基准平面"七种构造基准平面的方式。

（1）构造基准平面的步骤：单击"构造基准面"按钮，或选择"应用"→"特征生成"→"基准面"，出现"构造基准面"对话框，如图3.9所示。

（2）在对话框中点取所需的构造方式，依照"构造方法"下的提示做相应操作，单击"确定"按钮后，这个基准面就构造好了。在特征树中，可见新增了刚刚构造好的这个基准平面。

3. 直线

直线是图形构成的基本要素。直线功能提供了"两点线"、"平行线"、"角度线"、"切线/法线"、"角等分线"和"水平/铅垂线"六种方式,以下介绍前三种方式。

(1)两点线:两点线就是在屏幕上按给定两点画一条直线段或按给定的连续条件画连续的直线段,如图 3.10 所示。

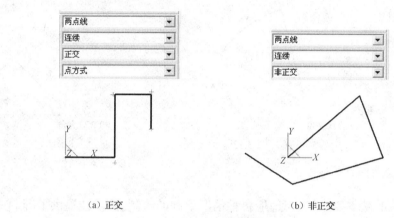

图 3.10　两点线

① 连续:每段直线段相互连接,前一段直线段的终点为下一段直线段的起点。
② 单个:每次绘制的直线段相互独立,互不相关。
③ 非正交:可以画任意方向的直线,包括正交的直线。
④ 正交:所画直线与坐标轴平行。
⑤ 点方式:指定两点来画出正交直线。
⑥ 长度方式:按指定长度和点来画出正交直线。

(2)平行线:按给定距离或通过给定的已知点绘制与已知线段平行且长度相等的平行线段,如图 3.11 所示。

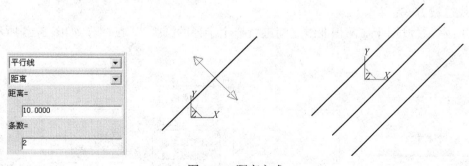

图 3.11　距离方式

若为点方式,按状态栏提示拾取直线,拾取点,生成平行线,如图 3.12 所示。

(3)角度线:生成与坐标轴或某一条直线成一定夹角的直线,如图 3.13 所示。

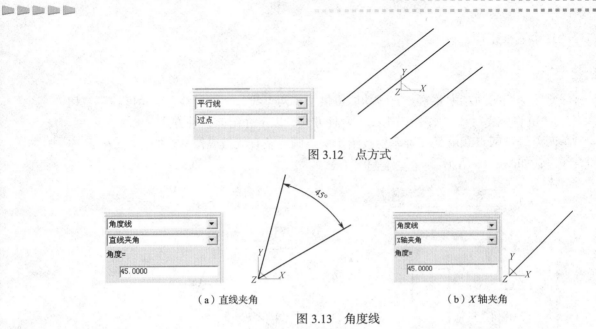

图 3.12　点方式

（a）直线夹角　　　　　　　　　　　　（b）X 轴夹角

图 3.13　角度线

4. 圆

圆是图形构成的基本要素，为了适应各种情况下圆的绘制。圆功能提供了"圆心_半径"、"三点"和"两点_半径"三种方式，如图 3.14 所示。

（a）圆心_半径　　　　　　　　　（b）三点　　　　　　　　　（c）两点_半径

图 3.14　绘制圆的方式

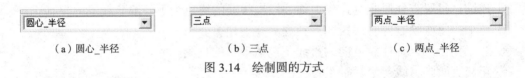

提示：点的输入有两种方式：按空格键拾取工具点和按回车键直接输入坐标值。

5. 曲线过渡

曲线过渡是对指定的两条曲线进行圆弧过渡、尖角过渡或对两条直线倒角。
曲线过渡方式：
（1）圆弧过渡用于在两根曲线之间进行给定半径的圆弧光滑过渡，如图 3.15 所示。

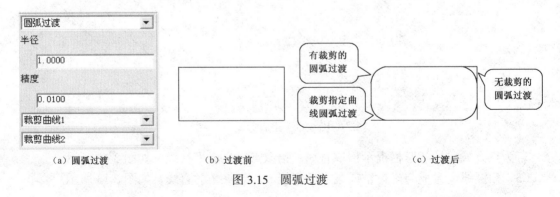

（a）圆弧过渡　　　　　　　　（b）过渡前　　　　　　　　（c）过渡后

图 3.15　圆弧过渡

（2）尖角过渡用于在给定的两条曲线之间进行过渡，过渡后在两曲线的交点处呈尖角。尖角过渡后，一条曲线被另一条曲线裁剪，如图 3.16 所示。

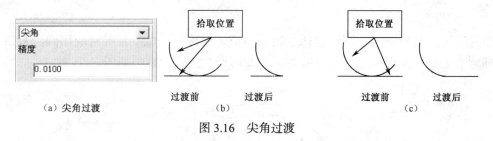

图 3.16　尖角过渡

（3）倒角过渡用于在给定的两直线之间进行过渡，过渡后在两直线之间有一条按给定角度和长度的直线，如图 3.17 所示。

图 3.17　倒角过渡

6. 等距线

绘制给定曲线的等距线，用鼠标单击带方向的箭头可以确定等距线位置。

（1）等距：按照给定的距离作曲线的等距线，如图 3.18 所示。

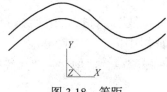

图 3.18　等距

（2）变等距：按照给定的起始和终止距离，作沿给定方向变化距离的曲线的变等距线，如图 3.19 所示。

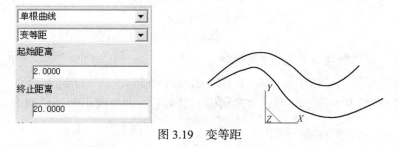

图 3.19　变等距

3.2 绘制垫片轮廓图

垫片轮廓图是由圆、椭圆、圆弧、直线组成的对称图形。本任务将应用圆、直线、圆弧、椭圆、平移、平面镜像等命令实现图形的制作。垫片轮廓图如图 3.20 所示。

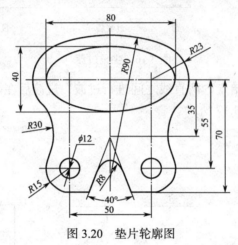

图 3.20 垫片轮廓图

从图 3.20 可看出，该图形为对称图形，可先绘制出右则 $R23$、$R15$ 圆弧及 $\phi12$ 圆，再用直线、圆弧将其连接，应用平面镜像方法完成另一侧图形，用 $R90$ 和 $R8$ 两圆弧将图形连接，最后画出椭圆。

3.2.1 垫片轮廓图的绘制步骤

1. 绘制圆

（1）选择特征树栏中的"零件特征"，单击"平面 XY"作为绘制草图的基准平面，再单击"绘制草图"按钮，在特征树中出现"草图 0"。

（2）单击"圆"按钮，或选择菜单"造型"→"曲线生成"→"圆"，在立即菜单中选择"圆心_半径"。

（3）拾取圆心位置：输入圆心坐标（25，0）。

（4）分别输入小圆的半径：6，按回车键，输入圆弧半径：15，按回车键，再输入大圆弧半径：23，按回车键，即生成三个圆形，如图 3.21 所示。

2. 平移

（1）单击"平移"按钮，或选择菜单"造型"→"几何变换"→"平移"，在立即菜单中选择"偏移量"、"移动"，输入：DX=0，DY=−55。

（2）拾取 $R6$ 和 $R15$ 两个小圆，单击鼠标右键确定，即将两小圆平移到下方，如图 3.22 所示。

第 3 章 曲线绘制

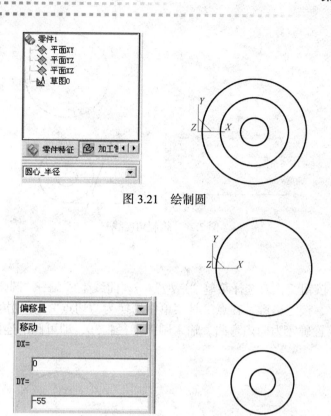

图 3.21 绘制圆

图 3.22 平移

3. 绘制直线

（1）单击"直线"按钮，或选择菜单"造型"→"曲线生成"→"直线"，选择"两点线"、"单个"、"正交"、"点方式"，拾取第一点：按空格键，在点工具菜单中切换为"切点"，拾取 R15 下方，第二点：切换为"缺省点"，直线绘至左方任意点（过中点即可），如图 3.23 所示。

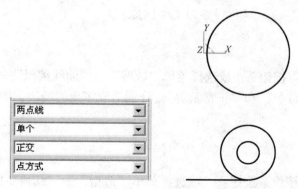

图 3.23 绘制直线

（2）继续在"直线"立即菜单中选择"角度线"、"Y 轴夹角"，输入角度：20，输入第一点坐标（0，-35），将角度线往下拉至过横线，如图 3.24 所示。

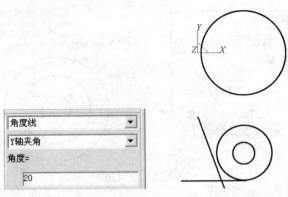

图 3.24 绘制角度线

4. 圆弧连接

单击"圆弧"按钮，或选择菜单"造型"→"曲线生成"→"圆弧"，在立即菜单中选择"两点_半径"，按空格键，在点工具菜单中切换为"切点"，分别拾取 R23 和 R15 圆弧右侧，将圆弧位置确定为向内弯曲，输入圆弧半径：30，即可圆滑连接上、下两圆弧，如图 3.25 所示。

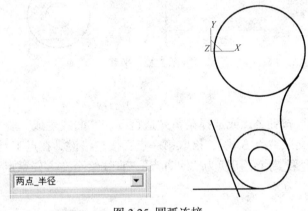

图 3.25 圆弧连接

5. 曲线裁剪

单击"曲线裁剪"按钮，或选择菜单"造型"→"曲线编辑"→"曲线裁剪"，在立即菜单中选择"快速裁剪"和"正常裁剪"，分别拾取多余的线段，即完成右侧图形裁剪，如图 3.26 所示。

6. 平面镜像

（1）单击"平面镜像"按钮，或选择菜单"造型"→"几何变换"→"平面镜像"，在立即菜单中选择"拷贝"。

（2）拾取镜像轴首点：坐标原点，拾取镜像轴末点：角度线的上端点。拾取镜像元素：整个图形，单击鼠标右键确定，即可将右则图形复制到左侧，如图 3.27 所示。

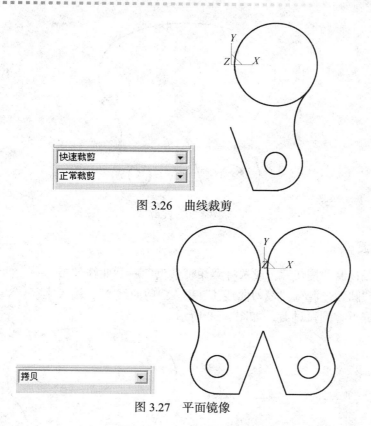

图 3.26 曲线裁剪

图 3.27 平面镜像

7. 圆弧连接

单击"圆弧"按钮 ，或选择菜单"造型"→"曲线生成"→"圆弧"，选择"两点_半径"，按空格键，在点工具菜单中切换为"切点"，分别拾取左、右两个大圆的上方，确定为向外弯曲，输入圆弧半径：90，即可圆滑连接上圆弧，如图 3.28 所示。

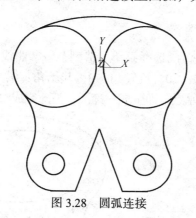

图 3.28 圆弧连接

8. 裁剪

单击"曲线裁剪"按钮 ，或选择菜单"造型"→"曲线编辑"→"曲线裁剪"，在立即菜单中选择"快速裁剪"和"正常裁剪"。分别拾取左、右两圆弧，即完成图形修剪，如图 3.29 所示。

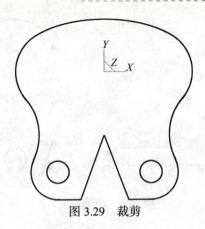

图 3.29 裁剪

9. 曲线过渡

单击"曲线过渡"按钮，或选择菜单"造型"→"曲线编辑"→"曲线过渡"，在立即菜单中选择"圆弧过渡"、"裁剪曲线 1"和"裁剪曲线 2"，输入半径：8。分别拾取两角度线段，即完成下方圆弧过渡，如图 3.30 所示。

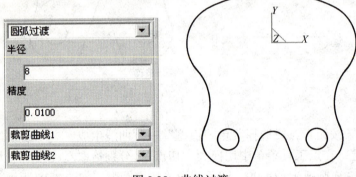

图 3.30 曲线过渡

10. 绘制椭圆

（1）单击"椭圆"按钮，或选择菜单"造型"→"曲线生成"→"椭圆"，在立即菜单中输入长半轴：40，短半轴：20，旋转角：0，起始角：0，终止角：360。

（2）拾取椭圆中心：坐标原点，即生成一椭圆，至此完成整个图形绘制，如图 3.31 所示。

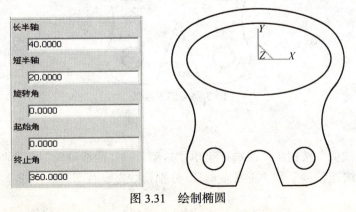

图 3.31 绘制椭圆

3.2.2 知识链接

1. 椭圆

用鼠标或键盘输入椭圆中心，然后按给定参数画一个任意方向的椭圆或椭圆弧。
选择参数：
（1）长半轴：椭圆的长半轴尺寸值。
（2）短半轴：椭圆的短半轴尺寸值。
（3）旋转角：椭圆的长轴与默认起始基准间的夹角。
（4）起始角：画椭圆弧时起始位置与默认起始基准所夹的角度。
（5）终止角：画椭圆弧时终止位置与默认起始基准所夹的角度。

2. 圆弧

圆弧方式：三点圆弧、圆心_起点_圆心角、圆心_半径_起终角、两点_半径、起点_终点_圆心角和起点_半径_起终角。
（1）三点圆弧：过三点画圆弧，其中第一点为起点，第三点为终点，第二点决定圆弧的位置和方向。
（2）圆心_起点_圆心角：已知圆心、起点及圆心角或终点画圆弧。
（3）圆心_半径_起终角：由圆心、半径和起终角画圆弧。
（4）两点_半径：已知两点及圆弧半径画圆弧。
（5）起点_终点_圆心角：已知起点、终点和圆心角画圆弧。
（6）起点_半径_起终角：由起点、半径和起终角画圆弧。

> 提示：绘制圆弧或圆时状态栏动态显示半径大小。

3. 平移

对拾取到的曲线或曲面进行平移或复制。
（1）平移方式：两点或偏移量方式，如图3.32所示。

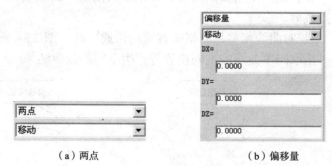

（a）两点　　　　　　　　　　（b）偏移量

图3.32　平移方式

（2）两点方式：两点方式就是给定平移元素的基点和目标点，来实现曲线或曲面的平移或复制。

（3）偏移量方式：偏移量方式就是给出在 XYZ 三轴上的偏移量，来实现曲线或曲面的平移或复制。

4．平面镜像

对拾取到的曲线或曲面以某一条直线为对称轴，进行同一平面上的对称镜像或对称复制，如图 3.33 所示。

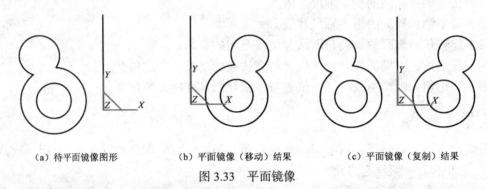

（a）待平面镜像图形　　（b）平面镜像（移动）结果　　（c）平面镜像（复制）结果

图 3.33　平面镜像

> 提示：平面镜像前必须确定一条直线为镜像轴，否则无法进行镜像。

5．删除与裁剪

（1）删除：删除拾取到的元素。

① 多个对象删除：直接单击"删除"按钮，拾取要删除的元素，单击鼠标右键确认删除。

② 个别对象删除：可直接拾取删除对象，单击鼠标右键在弹出的编辑菜单中移至删除，然后单击鼠标左键确定即可。

③ 删除整个草图：退出绘制草图状态后，在特征树中选中要删除的草图，单击右键，在快捷菜单中移至删除，再单击左键，即完成整个草图的删除。

（2）曲线裁剪：即利用一个或多个几何元素（曲线或点，称为剪刀）对给定曲线（称为被裁剪线）进行修整，删除不需要的部分，得到新的曲线。曲线裁剪共有四种方式：快速裁剪、线裁剪、点裁剪、修剪。

① 快速裁剪：系统对曲线修剪具有指哪裁哪的快速反映，图 3.34 所示。

在操作过程中，拾取同一曲线的不同位置将产生不同的裁剪结果。

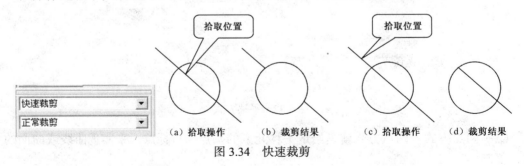

（a）拾取操作　　（b）裁剪结果　　（c）拾取操作　　（d）裁剪结果

图 3.34　快速裁剪

② 线裁剪：以一条曲线作为剪刀，对其他曲线进行裁剪，如图 3.35 所示。

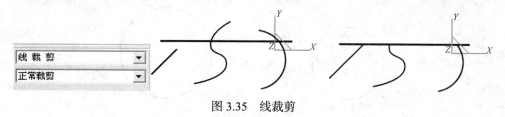

图 3.35 线裁剪

3.3 绘制呆扳手轮廓图

呆扳手轮廓图是由直线、矩形、圆、圆弧、六边形及文字组成。本任务将应用圆、圆弧、矩形、多边形和文字等命令实现图形的绘制。呆扳手轮廓图如图 3.36 所示。

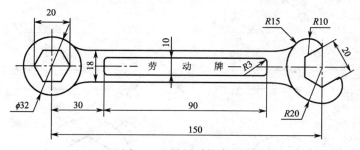

图 3.36 呆扳手轮廓图

从图 3.36 可看出，呆扳手轮廓图为不对称图形，可分别将左、右两端图形画出，然后用直线连接，最后绘制矩形和输入文字。

3.3.1 呆扳手轮廓图的绘制步骤

1. 绘制圆

（1）选择特征树栏中的"零件特征"，单击"平面 XY"作为绘制草图的基准平面，再单击"绘制草图"按钮 ，在特征树中出现"草图 0"。

（2）单击"圆"按钮 ，或选择菜单"造型"→"曲线生成"→"圆"，在立即菜单中选择"圆心_半径"。

（3）选择左端圆心位置：拾取坐标原点。

（4）输入圆的半径：16，按回车键，生成左端的圆形。

（5）选择右端圆心位置：(150，0)。

（6）输入圆的半径：20，按回车键，生成右端的圆形，如图 3.37 所示。

2. 绘制多边形

（1）单击"多边形"按钮 ，或选择菜单"造型"→"曲线生成"→"多边形"，在立即菜单中选择"中心"、"内接",输入边数:6。

图 3.37　绘制圆

(2)拾取左端六边形中心位置:坐标原点。
(3)输入边起点坐标值:10,按回车键,生成$\phi 20$ 的内接六边形。
(4)在立即菜单中选择:"中心"、"外切",输入边数:6。
(5)拾取右端六边形中心位置坐标:(150,0)。
(6)输入边起点坐标值:(@10,0),按回车键,生成$\phi 20$ 的外接六边形,如图 3.38 所示。

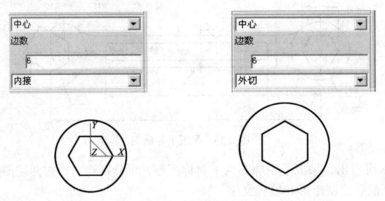

图 3.38　绘制多边形

3. 删除线段

单击"删除"按钮,拾取要删除的元素:右端六边形的两条边,如图 3.39 所示。

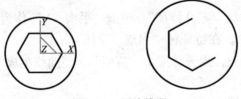

图 3.39　删除线段

4. 圆弧连接

(1)单击"圆弧"按钮,或选择菜单"造型"→"曲线生成"→"圆弧",选择"两点_半径"。
(2)拾取第一点:右端六边形的上开口端点,拾取第二点:按空格键,在点工具菜单中切换为"切点",拾取$\phi 20$ 圆的上方,确定为向外弯曲,输入圆弧半径:10,即可圆滑连接上圆弧。用同样方法将下开口端点与φ20圆的下方连接，生成下方圆弧，如图3.40所示。

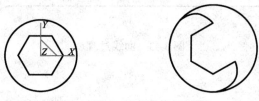

图3.40　圆弧连接

5. 曲线裁剪

单击"曲线裁剪"按钮，或选择菜单"造型"→"曲线编辑"→"曲线裁剪"，在立即菜单中选择"快速裁剪"和"正常裁剪"。拾取φ20圆的右端，即完成图形修剪，如图3.41所示。

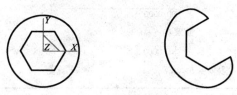

图3.41　曲线裁剪

6. 绘制直线

（1）单击"直线"按钮，或选择菜单"造型"→"曲线生成"→"直线"，选择"两点线"、"单个"、"正交"、"点方式"。

（2）输入第一点坐标：（20，9），按回车键。输入第二点坐标：（130，9），按回车键。即生成上方直线。

（3）以同样的方法输入第一点坐标：（20，-9），按回车键。输入第二点坐标：（130，-9），按回车键，即生成下方直线，如图3.42所示。

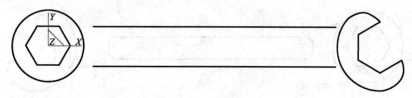

图3.42　绘制直线

7. 曲线过渡

（1）单击"曲线过渡"按钮，或选择菜单"造型"→"曲线编辑"→"曲线过渡"，在立即菜单中选择"圆弧过渡"、"裁剪曲线1"和"不裁剪曲线2"，输入半径：15。

（2）按顺序先拾取直线（裁剪），后拾取圆弧（不裁剪），即可将直线与圆弧光滑连接，如图3.43所示。

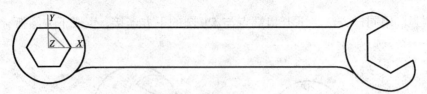

图3.43 曲线过渡

8. 绘制矩形

(1)单击"矩形"按钮▭,或选择菜单"造型"→"曲线生成"→"矩形",在立即菜单中选择"中心_长_宽",输入长度=90,宽度=10。

(2)输入矩形中心坐标值:(70,0),按回车键,即在扳手中部绘制出矩形,如图3.44所示。

图3.44 绘制矩形

9. 曲线过渡

单击"曲线过渡"按钮⌐,或选择菜单"造型"→"曲线编辑"→"曲线过渡",在立即菜单中选择"圆弧过渡"、"裁剪曲线1"和"裁剪曲线2",输入半径:3。分别拾取矩形的相邻两直角边,即完成矩形四角的光滑连接,如图3.45所示。

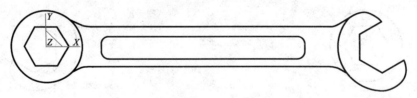

图3.45 曲线过渡

10. 输入文字

(1)单击"文字"按钮A,或选择菜单"造型"→"文字",按空格键,在立即菜单中选择"中心",输入文字插入点坐标(70,2),系统弹出"文字输入"对话框,在对话框中输入"劳动牌"字样,如图3.46所示。

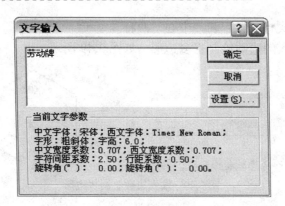

图 3.46 "文字输入"对话框

(2)单击对话框中的"设置"按钮,系统进入"字体设置"对话框,如图 3.47 所示。

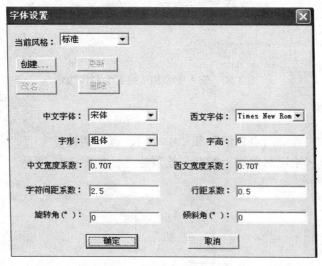

图 3.47 "字体设置"对话框

(3)单击"确定"按钮后即完成文字插入。至此即完成整个图形的绘制,如图 3.48 所示。

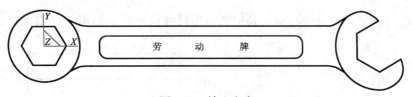

图 3.48 输入文字

3.3.2 知识链接

1. 多边形

在给定点处绘制一个给定半径、给定边数的正多边形。多边形的功能提供了边和中心两种方式。

绘制多边形的方式有"边"和"中心"两种。

（1）边：根据输入的边数绘制正多边形，如图 3.49 所示。

图 3.49　输入边数绘制多边形

（2）中心：以输入点为中心，绘制内切或外接多边形，如图 3.50 所示。

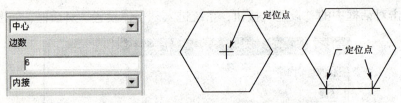

图 3.50　输入中心和边终点绘制多边形

2. 矩形

绘制矩形的方式有"两点矩形"和"中心_长_宽"两种。

（1）两点矩形：给定对角线上的两点绘制矩形，如图 3.51 所示。

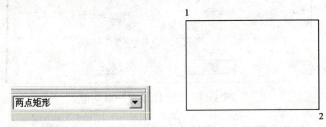

图 3.51　两点矩形

（2）中心_长_宽：给定中心点、长度和宽度尺寸值来绘制矩形，如图 3.52 所示。

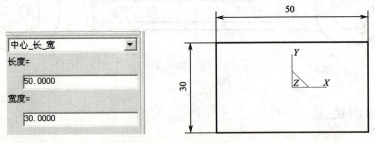

图 3.52　中心_长_宽

3.4 绘制风扇叶轮廓图

风扇叶轮廓图主要由圆、圆弧、直线组成。本任务将应用圆、平移、圆弧、直线、圆形阵列等命令实现图形的制作。风扇叶轮廓图如图3.53所示。

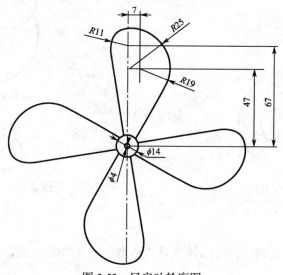

图3.53 风扇叶轮廓图

从图3.53可以看出，图中$\phi4$、$\phi14$、$R11$和$R19$圆可直接用圆的命令在原点绘制，再应用移动命令将$R11$和$R19$圆移动到图3.53所示位置，然后应用圆弧将$R11$和$R19$两圆连接，用两直线分别将$R11$和$R19$与$\phi4$连接，在完成了单只风扇叶后，再应用圆形阵列方法完成整个图形。

3.4.1 风扇叶轮廓图的绘制步骤

1. 绘制圆

（1）选择特征树栏中的"零件特征"，单击"平面XY"作为绘制草图的基准平面，再单击"绘制草图"按钮，在特征树中出现"草图0"。

（2）单击"圆"按钮，或选择菜单"造型"→"曲线生成"→"圆"，在立即菜单中选择"圆心_半径"。

（3）选择圆心位置：拾取坐标原点。

（4）分别输入圆的半径：2，7，11，19，按回车键确认后，以坐标原点为圆心生成四个圆形，如图3.54所示。

2. 平移

（1）单击"平移"按钮，或选择菜单"造型"→"几何变换"→"平移"，在立即菜单中选择"偏移量"、"移动"，输入DX=0，DY=61，拾取$R11$圆，单击鼠标右键确认，即

将 $R11$ 圆平移到图 3.55 所示位置。

（2）再输入 DX=7，DY=47，拾取 $R19$ 圆，单击鼠标右健确认，即将 $R19$ 圆平移到图示位置，如图 3.55 所示。

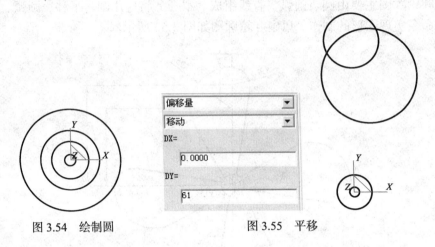

图 3.54　绘制圆　　　　　　　　图 3.55　平移

3. 绘制圆弧

（1）单击"圆弧"按钮，或选择菜单"造型"→"曲线生成"→"圆弧"，选择"两点_半径"。

（2）按空格键，在点工具菜单中切换为"切点"，拾取第一点：$R11$ 圆的右上方，拾取第二点：$R19$ 圆的右方，确定为向外弯曲，输入圆弧半径：25，即可圆滑连接上圆弧，如图 3.56 所示。

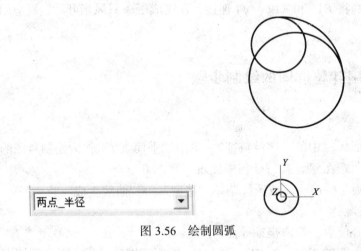

图 3.56　绘制圆弧

4. 绘制直线

（1）单击"直线"按钮，或选择菜单"造型"→"曲线生成"→"直线"，在立即菜单中选择"两点线"、"单个"、"非正交"。

（2）按空格键，在点工具菜单中切换为"切点"，拾取第一点：$R11$ 圆左方，拾取第二点：$\phi4$ 圆左方，即生成左方直线。

（3）以同样的方法拾取第一点 R19 圆弧右方，拾取第二点：φ4 圆右方，即生成右方直线，如图 3.57 所示。

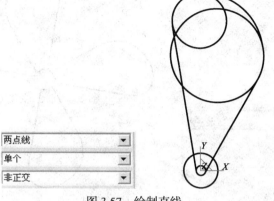

图 3.57　绘制直线

5. 曲线裁剪

单击"曲线裁剪"按钮，或选择菜单"造型"→"曲线编辑"→"曲线裁剪"，在立即菜单中选择"快速裁剪"和"正常裁剪"。拾取需裁剪线段，即完成单只叶片图形修剪，如图 3.58 所示。

6. 曲线过渡

单击"曲线过渡"按钮，或选择菜单"造型"→"曲线编辑"→"曲线过渡"，在立即菜单中选择"裁剪曲线 1"和"不裁剪曲线 2"。按顺序先拾取直线（裁剪），后拾取 φ14 圆（不裁剪），即完成单只叶片曲线过渡，如图 3.59 所示。

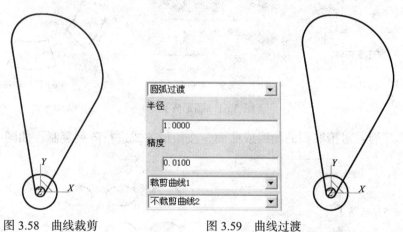

图 3.58　曲线裁剪　　　图 3.59　曲线过渡

7. 圆形阵列

单击"阵列"按钮，或选择菜单"造型"→"几何变换"→"阵列"，在立即菜单中选择"圆形"、"均布"，输入份数：4。拾取阵列元素：整个风扇叶片，单击鼠标右键确认，拾取中心点：坐标原点。图形中即阵列出 4 个大小相同的叶片，至此完成整个图形绘制，如图 3.60 所示。

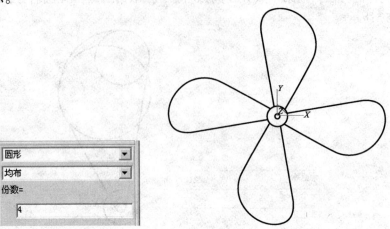

图 3.60　圆形阵列

3.4.2　知识链接——阵列

对拾取到的曲线或曲面，按圆形或矩形方式进行阵列复制。

（1）圆形阵列：对拾取到的曲线或曲面，按圆形方式进行阵列复制，如图 3.61 所示。

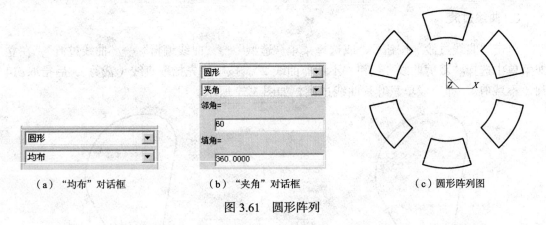

（a）"均布"对话框　　（b）"夹角"对话框　　（c）圆形阵列图

图 3.61　圆形阵列

（2）矩形阵列：对拾取到的曲线或曲面，按矩形方式进行阵列复制，如图 3.62 所示。

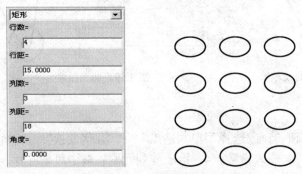

图 3.62　矩形阵列

3.5 绘制盖板轮廓图

盖板轮廓图主要是由矩形、圆、椭圆等组合而成。本任务将应用矩形、圆、椭圆、矩形阵列、尺寸标注、尺寸驱动等命令实现图形制作。盖板轮廓图如图 3.63 所示。

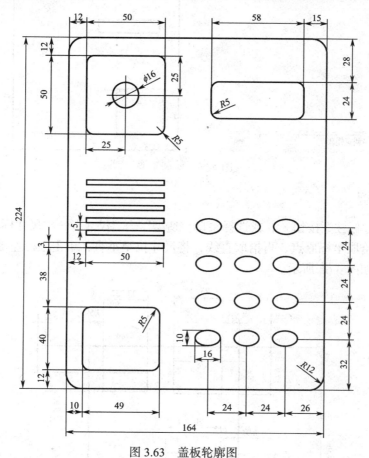

图 3.63 盖板轮廓图

从图 3.63 可看出，该图形可先根据图示尺寸绘制出各大小矩形，然后用圆弧将其圆滑过渡。其中，50×3 矩形和椭圆可先各绘制出一个，然后应用矩形阵列方法绘制。

3.5.1 盖板轮廓图的绘制步骤

1. 绘制矩形

（1）单击"矩形"按钮▭，或选择菜单"造型"→"曲线生成"→"矩形"，在立即菜单中选择"两点矩形"，拾取第一点：坐标原点，第二点：第一点的右上角，即生成盖板外轮廓矩形。

（2）按上述方法在相应位置绘制出各矩形，如图 3.64 所示。

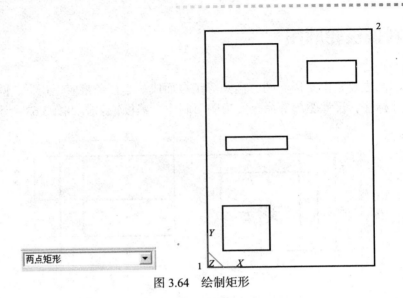

图 3.64 绘制矩形

2. 尺寸标注

单击"尺寸标注"按钮，或选择菜单"造型"→"尺寸"→"尺寸标注"，拾取尺寸标注元素：先拾取坐标原点，再拾取直线，将尺寸拉至垂直，单击鼠标左键确认，即实现该尺寸标注，如图 3.65 所示。

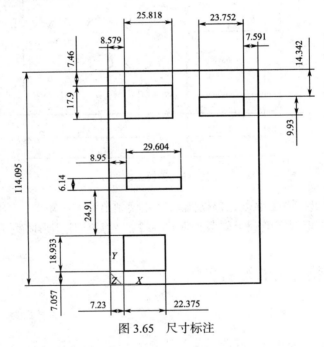

图 3.65 尺寸标注

3. 尺寸驱动

（1）单击"尺寸驱动"按钮，或选择菜单"造型"→"尺寸"→"尺寸驱动"，拾取要驱动的尺寸（114.095），弹出"尺寸驱动"对话框。输入数值：224，确认后即修改了该尺寸，由此确定了盖板外轮廓的高度，如图 3.66（a）所示。

（2）按上述方法将所有尺寸驱动，直至与图示要求相符，如图 3.66（b）所示。

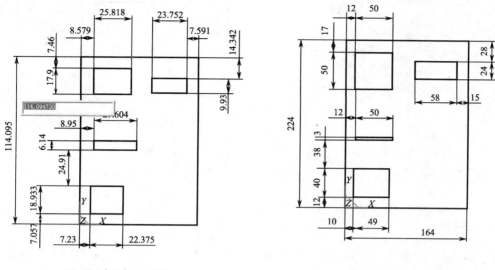

（a）"尺寸驱动"对话框　　　　　　　　（b）"尺寸驱动"后的图形

图 3.66　尺寸驱动

4. 圆弧过渡

（1）单击"曲线过渡"按钮，或选择菜单"造型"→"曲线编辑"→"曲线过渡"，在立即菜单中选择"圆弧过渡"、"裁剪曲线 1"和"裁剪曲线 2"，输入半径：12。分别拾取外轮廓矩形四个角的两直角边，即完成矩形四角的光滑连接。

（2）输入半径：5。分别按图示要求将各圆角过渡，如图 3.67 所示。

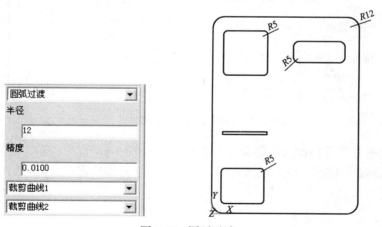

图 3.67　圆弧过渡

5. 绘制椭圆

单击"椭圆"按钮，或选择菜单"造型"→"曲线生成"→"椭圆"，在立即菜单中输入长半轴：8，短半轴：5，旋转角：0，起始角：0，终止角：360，输入椭圆中心点坐标：（90，32），即在图示位置绘制出一椭圆，如图 3.68 所示。

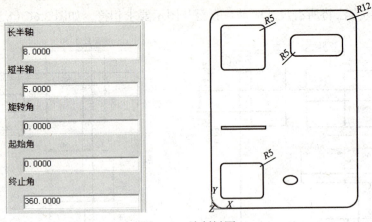

图3.68 绘制椭圆

6. 阵列

（1）单击"阵列"按钮，或选择菜单"造型"→"几何变换"→"阵列"，在立即菜单中选择"矩形"，输入行数：6，行距：8，列数：1，列距：0。拾取阵列元素：50×3矩形，单击鼠标右键确认，图形中即按给定尺寸阵列出6个大小相同的矩形，如图3.69所示。

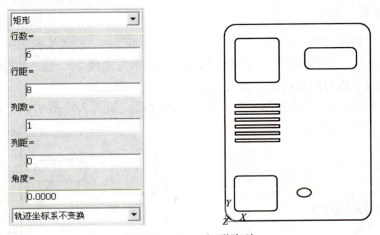

图3.69 50×3矩形阵列

（2）按上述方法重新输入立即菜单中的数据：行数：4，行距：24，列数：3，列距：24。拾取阵列元素：椭圆，单击鼠标右键确认，图形中即按给定尺寸阵列出12个大小相同的椭圆，如图3.70所示。

7. 绘制圆

（1）单击"圆"按钮，或选择菜单"造型"→"曲线生成"→"圆"，在立即菜单中选择"圆心_半径"。

（2）选择圆心位置坐标：(37，182)。

（3）输入圆的半径：8，按回车键，即生成$\phi16$的圆形。至此完成整个图形绘制，如图3.71所示。

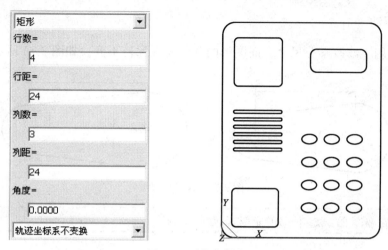

图 3.70 椭圆阵列

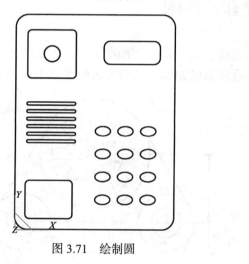

图 3.71 绘制圆

3.5.2 知识链接

1. 尺寸标注

尺寸标注是指在草图状态下,对所绘制的图形标注尺寸,如图 3.72 所示。

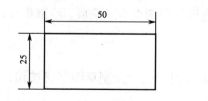 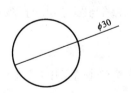 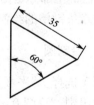

图 3.72 尺寸标注

> **注意**:在非草图状态下,不能标注尺寸。

2. 尺寸驱动

尺寸驱动用于修改某一尺寸，而图形的几何关系保持不变，如图3.73所示。

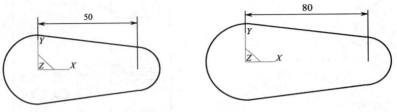

图3.73　尺寸驱动

> 注意：在非草图状态下，不能驱动尺寸。

3.6　绘制花键套零件图

花键套零件图由直线、圆、圆弧、键槽等基本要素组成。本任务将通过应用直线、圆、圆弧、阵列等命令实现图形的制作，花键套轮廓图如图3.74所示。

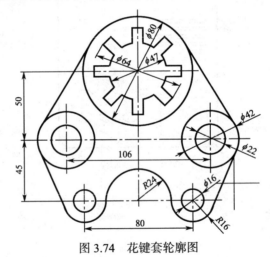

图3.74　花键套轮廓图

从图3.74看出，该花键套零件图由直线、圆、键槽等组成，图中直线、圆可用命令直接画出。而键槽部分是由八条槽组成，可先画出一条键槽（尺寸宽为8），然后用圆形的阵列方法完成八条键槽的绘制。最后在圆与圆之间的直线连接须用切点方式完成。绘制步骤如下。

1. 绘制圆

（1）选择"平面XY"作为绘制草图的基准平面，再单击"绘制草图"按钮，在特征树中出现"草图0"。

（2）单击"圆"按钮，或选择菜单"造型"→"曲线生成"→"圆"，在立即菜单中选择"圆心_半径"，拾取圆心点（坐标原点），输入圆的半径：（$R40$，$R32$，$R21$），即生成圆形，如图3.75所示。

2. 绘制键槽

(1) 单击"直线"按钮，或选择菜单"造型"→"曲线生成"→"直线"，在立即菜单中选择"两点线"、"连续"、"正交"、"点方式"，输入第一点坐标（0，0），第二点坐标（0，32），如图3.76所示。

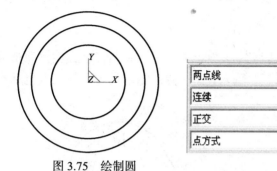

图 3.75　绘制圆　　　　　　　　　　图 3.76　绘制直线

(2) 单击"等距线"按钮，或选择菜单"造型"→"曲线生成"→"等距线"，在立即菜单中选择"单根曲线"、"等距"，输入距离：4，拾取图中直线，分别向左、右两个方向作等距线，这样就完成一条键槽的绘制，如图3.77、图3.78所示。

 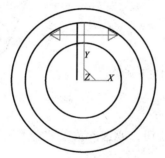 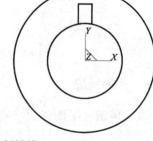

图 3.77　绘制等距线　　　　　　　　图 3.78　绘制键槽

3. 键槽阵列

(1) 单击"阵列"按钮，或选择菜单"造型"→"几何变换"→"阵列"，在立即菜单中选择"圆形"、"均布"输入份数=8。

(2) 拾取阵列元素（已完成的键槽），单击右键确认；拾取中心点：坐标原点，即完成键槽阵列，如图3.79所示。

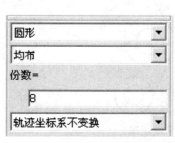 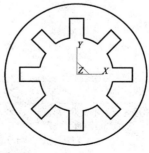

图 3.79　键槽阵列

4. 绘制左下圆形

单击"圆"按钮 ⊙，或选择菜单"造型"→"曲线生成"→"圆"，在立即菜单中选择"圆心_半径"，拾取圆心点分别输入坐标值（-53，-50）、（-40，-95），输入圆的半径分别为（$R21$、$R11$、$R16$、$R8$），即生成圆形，如图 3.80 所示。

5. 绘制切线

单击"直线"按钮，或选择菜单"造型"→"曲线生成"→"直线"，在立即菜单中选择"两点线"、"单个"、"正交"、"点方式"，输入：第一点时拾取切点，第二点也是拾取切点，即完成切线绘制，如图 3.81 所示。

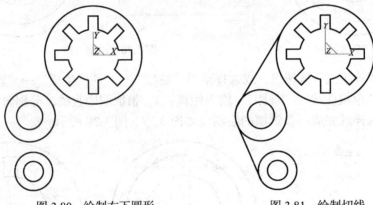

图 3.80　绘制左下圆形　　　　图 3.81　绘制切线

6. 平面镜像

（1）单击"平面镜像"按钮，或选择菜单"造型"→"几何变换"→"平面镜像"，在立即菜单中选择"拷贝"。

（2）拾取镜像轴首点（坐标原点）。

（3）拾取镜像轴末点：输入坐标值（0，30）。

（4）拾取对象（左下图形），单击右键确认，即完成左下图形镜像，如图 3.82 所示。

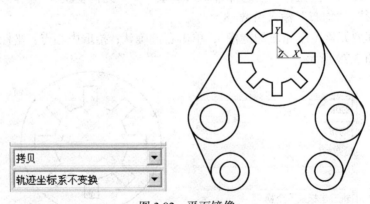

图 3.82　平面镜像

7. 画半圆

单击"圆"按钮⊙，或选择菜单"造型"→"曲线生成"→"圆"，在立即菜单中选择"圆心_半径"，拾取圆心点输入坐标值（0，-95），输入圆半径（$R24$），生成圆形再修剪即生成半圆，至此完成整个图形绘制，如图3.83所示。

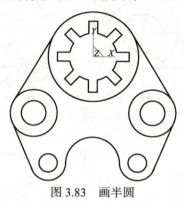

图3.83 画半圆

实 战 练 习

根据图3.84所示尺寸，绘制二维平面图形。（图3.84～图3.98）

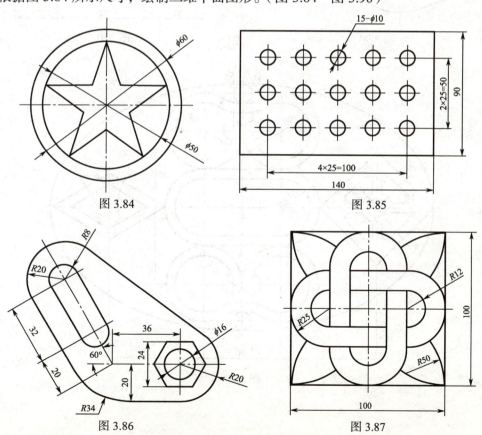

图3.84　　　　　　　　　图3.85

图3.86　　　　　　　　　图3.87

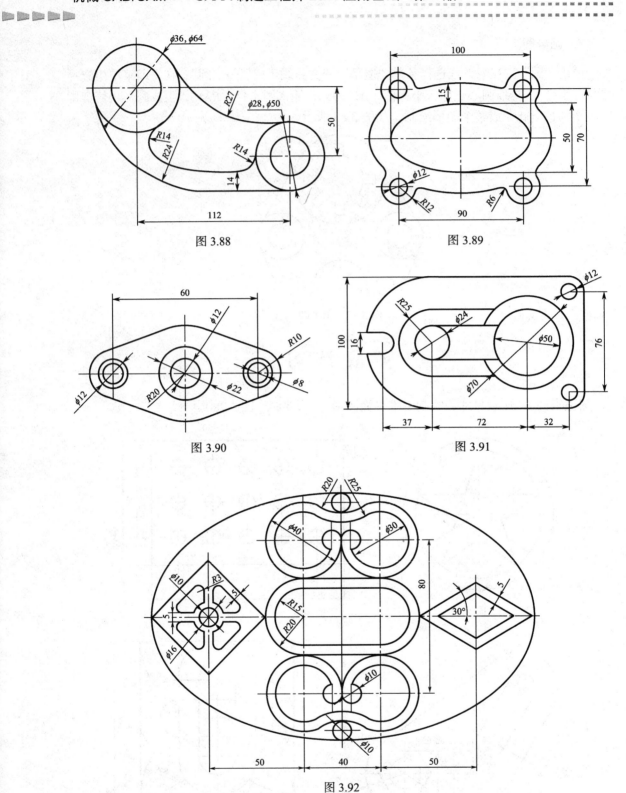

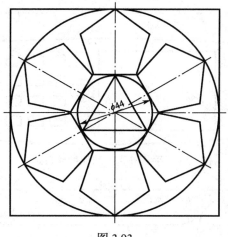

图 3.93

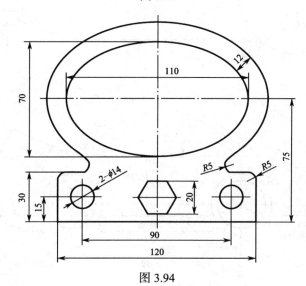

图 3.94

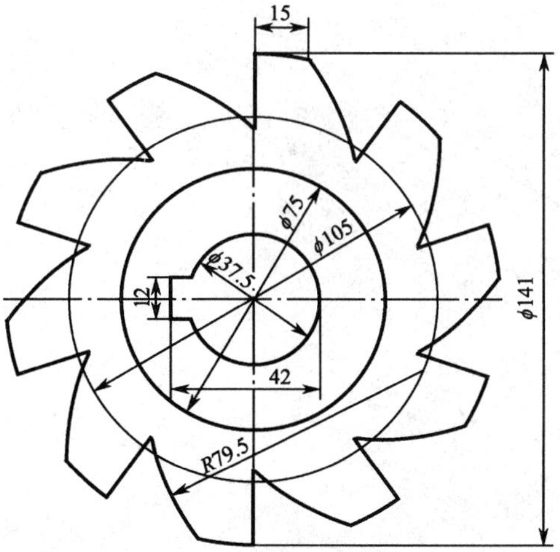

图 3.95

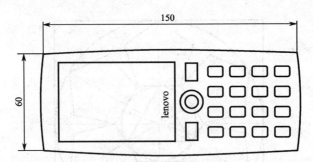

图 3.96 手机外壳（其他尺寸自定）

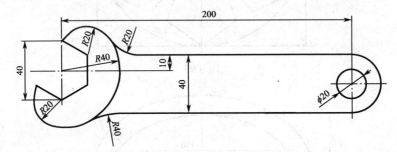

图 3.97

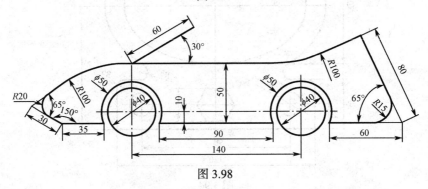

图 3.98

第 4 章 实体特征造型

三维实体设计是 CAD/CAM 的重要组成部分。CAXA 制造工程师 2011 采用精确的特征实体造型技术,完全抛弃了传统的体素合并和交、并、差的烦琐方式,将设计信息用特征术语来描述,使整个设计过程直观、简单、准确。

通常的特征包括孔、槽、型腔、点、凸台、圆柱体、块、锥体、球体、管子等,我们可以方便地建立和管理这些特征信息。在本章中,将详细介绍各种绘制三维实体的方法和使用的技巧。

4.1 定位夹座实体造型

定位夹座是机械工业中常用的零件,本任务应用了拉伸增料、拉伸除料,实现了定位夹座实体造型。零件图如图 4.1 所示。

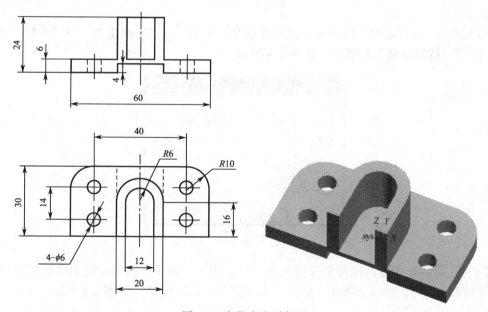

图 4.1 定位夹座零件图

从图 4.1 可以看出,定位夹座主要是由底板、底槽、定位槽、定位孔等特征组成。底板、定位槽可以直接通过"拉伸增料"实现,而底槽、定位孔可以通过"拉伸除料"实现。此外,定位孔也可以与底板一起由"拉伸增料"实现。

4.1.1 定位夹座实体造型操作步骤

1. 绘制底板

（1）选择特征树栏中的"零件特征"，单击"平面XY"作为绘制草图的基准平面，再单击"绘制草图"按钮，在特征树中出现"草图0"。

（2）按尺寸画草图，如图4.2所示。

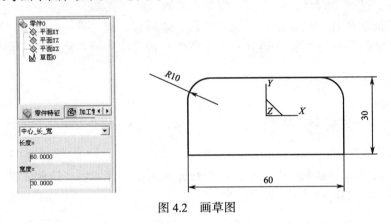

图4.2　画草图

（3）单击"拉伸增料"按钮，或选择菜单"造型"→"特征生成"→"增料"→"拉伸"，弹出"拉伸增料"对话框，如图4.3所示。

图4.3　"拉伸增料"对话框

（4）在对话框中输入拉伸的深度值为"6"，单击"确定"按钮，完成底板的绘制。为了便于观察，按F8显示立体图，单击"真实感显示"按钮，如图4.4所示。

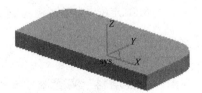

图4.4　生成底板

> **注意**：如果"拉伸增料"对话框中"拉伸对象"出现"草图未准备好",请单击特征树中的"草图0"或直接单击草图的轮廓。

2. 绘制底槽

(1) 单击底板的前表面,单击"绘制草图"按钮,在特征树中出现"草图1"。单击"相关线"按钮,或选择菜单"造型"→"曲线生成"→"相关线",在即时菜单中选择"实体边界",单击底板前表面的下棱边即得草图所需的直线,然后按尺寸在底板的前面画矩形,如图4.5所示。

图4.5 画矩形

(2) 单击"拉伸除料"按钮,或选择菜单"造型"→"特征生成"→"除料"→"拉伸",弹出"拉伸除料"对话框。

(3) 在对话框中输入除料的深度值为"30",单击"确定"按钮,完成底槽的绘制,如图4.6所示。

图4.6 生成底槽

3. 绘制定位槽

(1) 单击底板上表面,单击"绘制草图"按钮,在特征树中出现"草图2",按尺寸在底板上表面画图,如图4.7所示。

(2) 单击"拉伸增料"按钮,或选择菜单"造型"→"特征生成"→"增料"→"拉伸",弹出"拉伸增料"对话框。

(3) 在对话框中输入拉伸的深度值为"18",单击"确定"按钮,完成定位槽的绘制,如图4.8所示。

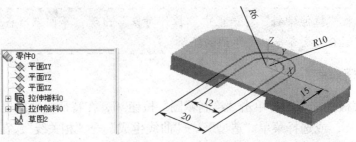

图4.7 绘制定位槽草图

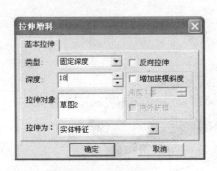

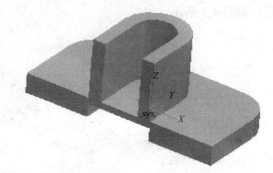

图4.8 生成定位槽

4. 绘制定位孔

（1）单击底板上表面，单击"绘制草图"按钮，在特征树中出现"草图3"。按尺寸在底板上表面画圆，如图4.9所示。

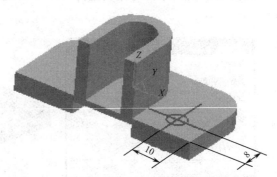

图4.9 绘制定位孔草图

（2）删除相关线，单击"阵列"按钮，输入阵列参数，如图4.10所示，选择所画圆进行阵列，结果如图4.11所示。

（3）单击"拉伸除料"按钮，或选择菜单"造型">"特征生成">"除料">"拉伸"，弹出"拉伸除料"对话框。在拉伸类型中，选择"贯穿"，单击"确定"按钮，完成定位孔的绘制，如图4.12所示。

（4）完成所有操作后，定位夹座的特征树与实体造型如图4.13所示。

第 4 章 实体特征造型

图 4.10 阵列参数

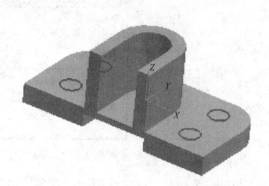
图 4.11 定位孔草图

图 4.12 生成定位孔

图 4.13 特征树与实体造型

4.1.2 知识链接

1. 拉伸增料

（1）适用场合：根据指定距离将一个轮廓曲线做拉伸操作，以生成一个增加材料的特征。

（2）操作步骤：先画草图，再单击"拉伸增料"按钮，或选择菜单"造型"→"特征生成"→"增料"→"拉伸"，弹出"拉伸增料"对话框，选择拉伸类型，确定拉伸深度、拔模斜度等，单击"确定"按钮完成。对话框如图 4.14 所示。

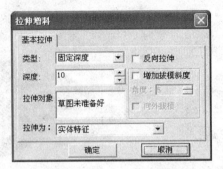

图 4.14　"拉伸增料"对话框

（3）拉伸类型包括"固定深度"、"双向拉伸"和"拉伸到面"，如图 4.15 所示。

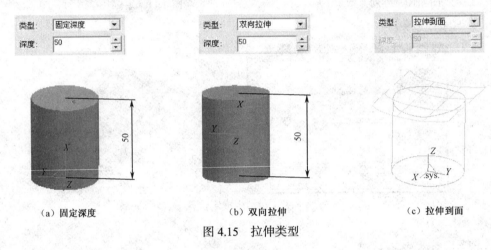

图 4.15　拉伸类型

① 固定深度：按照给定的深度数值进行单向的拉伸。

② 双向拉伸：以草图为中心，向相反的两个方向进行拉伸，深度值以草图为中心平分，此时拔模斜度不可用。

③ 拉伸到面：拉伸位置以曲面为结束点进行拉伸，需要选择要拉伸的草图和拉伸到的曲面。要使草图能够完全投影到这个面上，如果面的范围比草图小，会产生操作失败。此时深度和反向拉伸不可用。

（4）深度：拉伸的尺寸值，可以直接输入所需数值，也可以单击按钮来调节。

（5）拉伸对象：对需要拉伸草图的选择，可单击特征树中的"草图"或直接单击草图的轮廓选择。

（6）反向拉伸：与默认方向相反的方向进行拉伸。

（7）增加拔模斜度：使拉伸的实体带有锥度，如图 4.16（a）所示。角度：是指拔模时母线与中心线的夹角。

（8）向外拔模：与默认方向相反的方向进行操作，如图 4.16（b）所示。

提示：草图中隐藏的线不能参与特征拉伸。

（a）增加拔模斜度

（b）向外拔模

图 4.16　增加拔模斜度和向外拔模

2. 拉伸除料

（1）适用场合：根据指定的距离将一个轮廓曲线做拉伸操作，以生成一个减去材料的特征。

（2）操作步骤：先画草图，再单击"拉伸除料"按钮，或选择菜单"造型"→"特征生成"→"除料"→"拉伸"，弹出"拉伸除料"对话框，选择拉伸类型，确定拉伸深度、拔模斜度等，单击"确定"按钮完成。对话框如图 4.17 所示。

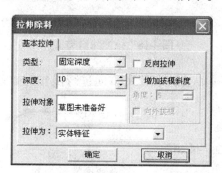

图 4.17　"拉伸除料"对话框

（3）拉伸除料类型包括"固定深度"、"双向拉伸"、"拉伸到面"和"贯穿"，如图 4.18 所示。贯穿：向相反的两个方向进行拉伸，理论上深度值为无穷大。

（4）深度：是指拉伸的尺寸值，可以直接输入所需数值，也可以单击按钮来调节。

（5）拉伸对象：是指对需要拉伸除料的草图的选择。可单击特征树中的"草图"或直接单击草图的轮廓选取。

（6）反向拉伸：是指与默认方向相反的方向进行拉伸除料。

（7）增加拔模斜度：是指除去的实体带有锥度，如图 4.19（a）所示。角度：是指拔模时母线与中心线的夹角。

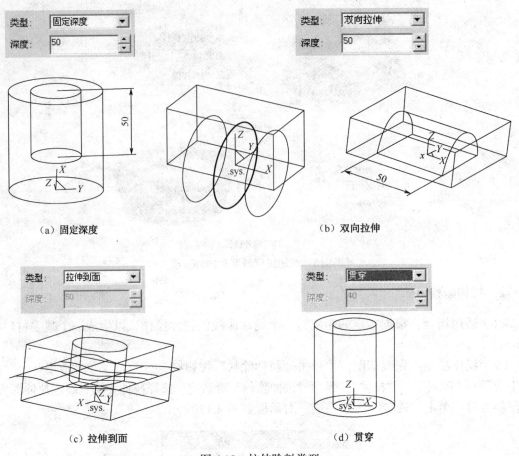

图 4.18 拉伸除料类型

（8）向外拔模：是指与默认方向相反的方向进行操作，如图 4.19（b）所示。

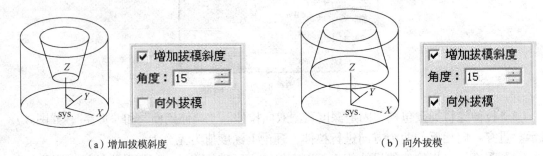

图 4.19 增加拔模斜度和向外拔模

3. 显示效果

1）线架显示

单击"线架显示"按钮 或选择菜单"显示"→"显示变换"→"线架显示"，可以将零部件采用线架的显示效果进行显示，如图 4.20 所示。

2）消隐显示

单击"消隐显示"按钮或选择菜单"显示"→"显示变换"→"消隐显示",可以将零部件采用消隐的显示效果进行显示,如图4.21所示。消隐显示只对实体的线架显示起作用。

3）真实感显示

单击"真实感显示"按钮或选择菜单"显示"→"显示变换"→"真实感显示",可以将零部件采用真实感的显示效果进行显示,如图4.22所示。

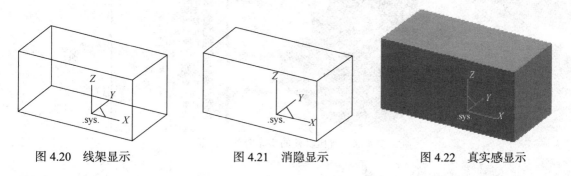

图4.20　线架显示　　　　　图4.21　消隐显示　　　　　图4.22　真实感显示

4.2　气压缸盖实体造型

本任务应用了拉伸增料、拉伸除料、过渡、环形阵列等造型方法,完成气压缸盖的实体造型。零件图如图4.23所示。

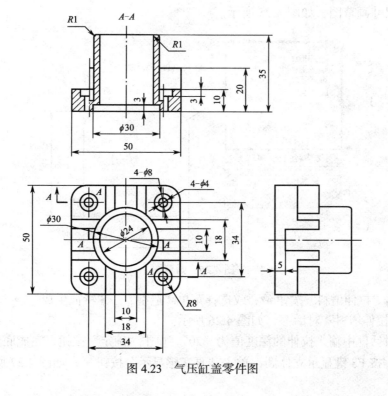

图4.23　气压缸盖零件图

气压缸盖是气压缸中重要的零件,气压缸盖主要由底板、定位槽、角槽、沉头孔、圆筒等特征组成。底板、圆筒可以直接通过"拉伸增料"实现,而定位槽、角槽可以通过"拉伸除料"实现,沉头孔可以由"拉伸增料"实现,也可以通过"打孔"实现。气压缸盖的实体造型与特征树如图4.24所示。

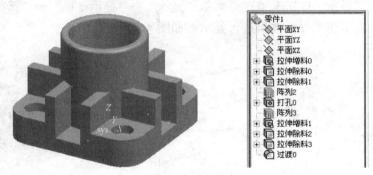

图4.24 气压缸盖的实体造型与特征树

4.2.1 气压缸盖实体造型操作步骤

1. 生成底板

(1)选择特征树栏中的"零件特征",单击"平面XY"作为绘制草图的基准平面,再单击"绘制草图"按钮,在特征树中出现"草图0"。

(2)按尺寸画草图,如图4.25所示。

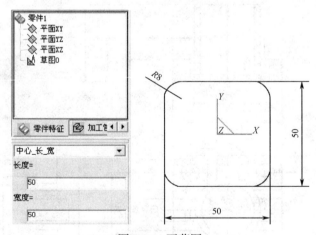

图4.25 画草图

(3)单击"拉伸增料"按钮,或选择菜单"造型"→"特征生成"→"增料"→"拉伸",弹出"拉伸增料"对话框,如图4.26所示。

(4)在对话框中输入拉伸的深度值为"20",单击"确定"按钮,完成底板的绘制。为了便于观察,按F8键显示立体图,单击"真实感显示"按钮,如图4.27所示。

第 4 章 实体特征造型

图 4.26 "拉伸增料"对话框

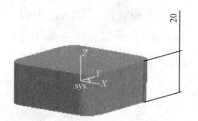

图 4.27 生成底板

> 提示：如果"拉伸增料"对话框中"拉伸对象"出现"草图未准备好"，请单击特征树中的"草图 0"或直接单击草图的轮廓。

2. 绘制定位槽

（1）单击底板的上表面，单击"绘制草图"按钮，在特征树中出现"草图 1"。单击"相关线"按钮，或选择菜单"造型"→"曲线生成"→"相关线"，在即时菜单中选择"实体边界"。单击底板的上表面的四条边即得草图所需的直线。如图 4.28 所示。

（2）按尺寸画草图，如图 4.29 所示。

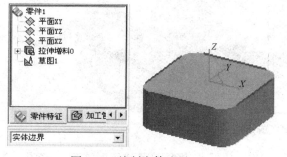

图 4.28 绘制实体边界

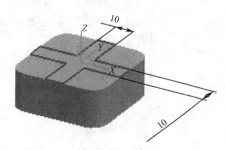

图 4.29 绘制草图

（3）单击"拉伸除料"按钮，或选择菜单"造型"→"特征生成"→"除料"→"拉伸"，弹出"拉伸除料"对话框。

（4）在对话框中输入除料的深度值为"15"，单击"确定"按钮，完成定位槽的绘制。如图 4.30 所示。

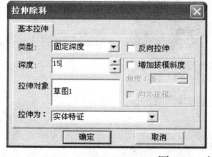

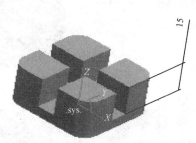

图 4.30 绘制草图

3. 绘制角槽

（1）单击底板任一角的上表面，单击"绘制草图"按钮 ，在特征树中出现"草图 2"，按尺寸在底板上表面画图，如图 4.31 所示。

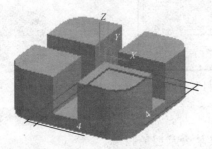

图 4.31　绘制草图

（2）单击"拉伸除料"按钮 ，或选择菜单"造型"→"特征生成"→"除料"→"拉伸"，弹出"拉伸除料"对话框。在对话框中输入除料的深度值为"10"，单击"确定"按钮。如图 4.32 所示。

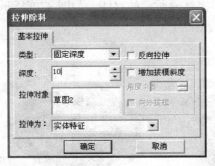 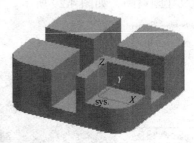

图 4.32　生成定位槽

（3）其余三个角可以一个个按上述步骤完成。此外，也可以用"环形阵列"完成。先画"环形阵列"的旋转轴线（空间线），如图 4.33 所示。

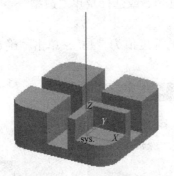

图 4.33　绘制旋转轴线

> 提示：F9 键可以切换作图平面（XY、XZ、YZ），画以上旋转线为 XZ 或 YZ 平面的正交线即可。

第 4 章 实体特征造型

（4）单击"环形阵列"按钮，弹出"环形阵列"对话框。单击阵列对象下的"选择阵列对象"后选择特征树中的"拉伸除料 1"，此时"阵列对象"的文本框中显示为"1 个特征"；单击"边/基准轴"下的"选择旋转轴"后单击旋转轴线，此时"边/基准轴"下的文本框中显示为"当前旋转轴"；输入或选择阵列角度为 90 度、阵列数目为 4。单击"确定"按钮，完成操作，如图 4.34 所示。

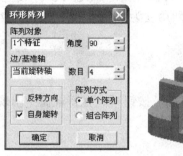

图 4.34 环形阵列

4．绘制沉头孔

（1）单击"打孔"按钮，或选择菜单"造型"→"特征生成"→"打孔"，弹出"孔的类型"对话框，如图 4.35 所示。

图 4.35 "孔的类型"对话框

（2）拾取打孔平面（单击角槽上表面），选择孔的类型为"沉头孔"，指定孔的定位点（按空格键，选择拾取元素为"圆心"，拾取圆角圆弧即得圆心），单击"下一步"按钮，填入孔的直径为"4"，"沉孔大径"为"8"，"沉孔深度"为"3"，选择"通孔"的形式，如图 4.36 所示，单击"完成"按钮确定。

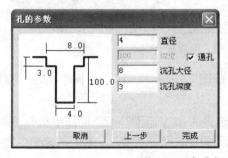

图 4.36 完成打孔

> 提示：选择孔的类型后，鼠标第一次在绘图区内单击时，并不能选中打孔的位置，仅仅是将工作区域从活动菜单中转过来，第二次单击时才能选中打孔的位置。

（3）单击"环形阵列"按钮，弹出"环形阵列"对话框。单击阵列对象下的"选择阵列对象"后选择特征树中的"打孔 0"，此时阵列对象中的文本框中显示为"1 个特征"；单击"边/基准轴"下的"选择旋转轴"后单击旋转轴线，此时"边/基准轴"下的文本框中显示为"当前旋转轴"；输入或选择阵列角度为 90 度、阵列数目为 4。单击"确定"按钮，完成操作，如图 4.37 所示。

5. 绘制圆筒

（1）单击底板底面，单击"绘制草图"按钮，在特征树中出现"草图 4"，按尺寸在平面上画草图，如图 4.38 所示。

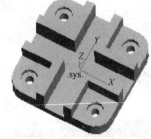
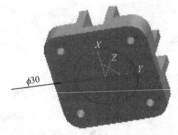

图 4.37　完成沉头孔　　　　　　　　　图 4.38　圆筒草图

（2）单击"拉伸增料"按钮，或选择菜单"造型"→"特征生成"→"增料"→"拉伸"，弹出"拉伸增料"对话框。在对话框中输入拉伸的深度值为"35"，单击"确定"按钮完成操作，如图 4.39 所示。

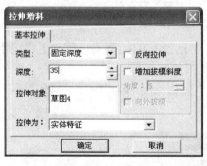

图 4.39　生成圆筒实体

（3）单击圆筒上表面，单击"绘制草图"按钮，在特征树中出现"草图 5"，按尺寸在平面上画草图，如图 4.40 所示。

（4）单击"拉伸除料"按钮，或选择菜单"造型"→"特征生成"→"除料"→"拉伸"，弹出"拉伸除料"对话框。在对话框中选择"贯穿"，单击"确定"按钮完成操作，如图 4.41 所示。

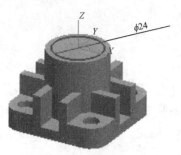 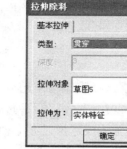 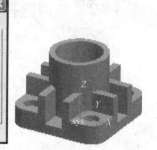

图 4.40　画草图　　　　　　　　　　　图 4.41　生成圆筒内孔

（5）单击底板底面，单击"绘制草图"按钮，在特征树中出现"草图6"，按尺寸在平面上画草图，如图 4.42 所示。

（6）单击"拉伸除料"按钮，或选择菜单"造型"→"特征生成"→"除料"→"拉伸"，弹出"拉伸除料"对话框。在对话框中输入除料深度为"3"，单击"确定"按钮完成操作，如图 4.43 所示。

图 4.42　画草图　　　　　　　　　　　图 4.43　生成圆筒底孔

（7）单击"过渡"按钮，或选择菜单"造型"→"特征生成"→"过渡"，弹出"过渡"对话框，输入或选择过渡半径为 1，拾取圆筒顶面或顶圆两条边，单击"确定"按钮完成操作，如图 4.44 所示。

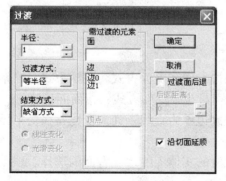 

图 4.44　圆筒顶面过渡

4.2.2 知识链接

1. 过渡

（1）适用场合：以给定半径或半径规律在实体间作光滑过渡。

（2）操作步骤：完成实体后，单击"过渡"按钮，或选择菜单"造型"→"特征生成"→"过渡"，弹出"过渡"对话框，输入或选择过渡半径，确定过渡方式、结束方式，拾取需过渡的面或边，单击"确定"按钮完成操作，如图4.45所示。

图4.45 "过渡"对话框

（3）半径：过渡圆角的尺寸值，可以直接输入所需数值，也可以单击按钮来调节。

（4）过渡方式有两种：等半径和变半径。等半径：整条边或面以固定的尺寸值进行过渡。变半径：在边或面以渐变的尺寸值进行过渡，需要分别指定各点的半径，如图4.46所示。

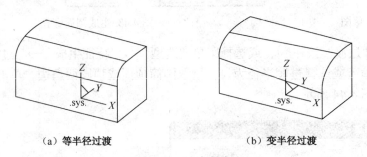

（a）等半径过渡　　　　　　　　（b）变半径过渡

图4.46 过渡方式

（5）结束方式有三种：默认方式、保边方式和保面方式。默认方式：以系统默认的保边或保面方式进行过渡。保边方式：指线面过渡。保面方式：指面面过渡。

（6）线性变化：在变半径过渡时，过渡边界为直线。光滑变化：在变半径过渡时，过渡边界为光滑的曲线。

（7）需要过渡的元素：是指对需要过渡的实体上的边或者面的选择。顶点：是指在边半径过渡时，所拾取的边上的顶点。

（8）沿切面顺延：在相切的几个表面的边界上，拾取一条边时，可以将边界全部过渡。

2. 环形阵列

（1）适用场合：绕某基准轴旋转将特征阵列为多个特征，构成环形阵列。

（2）操作步骤：单击"环性阵列"按钮，或选择菜单"造型"→"特征生成"→"环形阵列"，弹出"环形阵列"对话框，拾取"阵列对象"和"边/基准轴"，填入角度和数目，单击"确定"按钮完成操作，如图4.47所示。

图 4.47 "环形阵列"对话框

（3）阵列对象：要进行阵列的特征。

（4）边/基准轴：阵列所沿的指示方向的边或者基准轴。

（5）角度：阵列对象所夹的角度值，可以直接输入所需数值，也可以单击按钮来调节。

（6）数目：阵列对象的个数，可以直接输入所需数值，也可以单击按钮来调节。

（7）反转方向：与默认方向（顺时针）相反的方向（逆时针）进行阵列。

（8）自身旋转：在阵列过程中，此列对象在绕阵列中心旋转的过程中，绕自身的中心旋转，否则，将互相平行。

（9）单个阵列：只对一个特征进行阵列。组合阵列：可对多个特征进行阵列。

3. 打孔

（1）适用场合：在平面上直接去除材料生成各种类型的孔。

（2）操作步骤：单击"打孔"按钮，或选择菜单"造型"→"特征生成"→"打孔"，弹出"孔的类型"对话框，拾取打孔平面，选择孔的类型，指定孔的定位点，单击"下一步"按钮，填入孔的参数，单击"确定"按钮完成操作，如图4.48所示。

（3）孔的参数：主要是不同的孔的直径、深度，沉孔和钻头的参数等，如图4.49所示。

图 4.48 "孔的类型"对话框

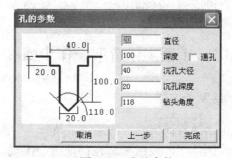

图 4.49 孔的参数

(4)通孔:是指将整个实体贯穿。此时,深度不可用。

(5)指定孔的定位点时,单击平面后按回车键,可以输入打孔位置的坐标值。

4.3 手锤实体造型

手锤是机械工业中常用的工具,本任务综合了拉伸增料、拉伸除料、旋转除料、过渡、环形阵列的应用。手锤零件图如图 4.50 所示,所有棱边过渡 $R0.5$。

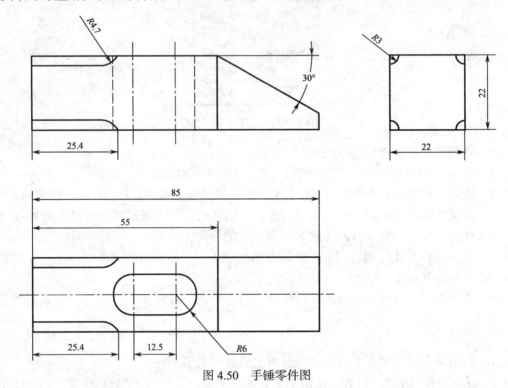

图 4.50 手锤零件图

从图 4.50 可以看出,手锤主要是由锤头、锤身、锤尾、锤柄孔等组成的。锤身可以直接由距形通过"拉伸增料"实现,锤头可以通过"旋转除料"实现一个角的造型,然后通过"环形阵列"实现,而锤尾、锤柄孔可以通过"拉伸除料"实现。此外,对于锤身、锤柄孔也可以通过"拉伸增料"一次性实现。

4.3.1 手锤实体造型操作步骤

1. 绘制长方体

(1)选择特征树栏中的"零件特征",单击"平面 XY"作为绘制草图的基准平面,再单击"绘制草图"按钮,在特征树中出现"草图 0"。

(2)按尺寸画矩形,如图 4.51 所示。

第4章 实体特征造型

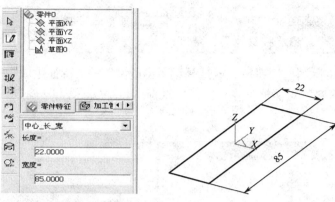

图 4.51 绘制草图

（3）单击"拉伸增料"按钮，或选择菜单"造型"→"特征生成"→"增料"→"拉伸"，弹出"拉伸增料"对话框。在对话框中输入拉伸的深度值为"22"，单击"确定"按钮，完成长方体的绘制。为了便于观察，按F8键显示立体图，单击"真实感显示"按钮，如图4.52所示。

图 4.52 生成长方体

2. 绘制锤尾及锤柄孔

（1）单击长方体前面，单击"绘制草图"按钮，在特征树中出现"草图1"，按尺寸在平面上画三角形，如图4.53所示。

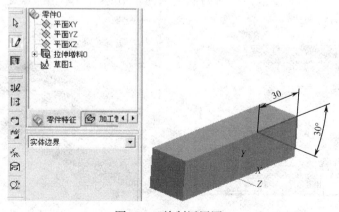

图 4.53 绘制锤尾图

87

> 提示：实体边界线可由"相关线"直接求得。可单击"相关线"按钮，在立即菜单中选择"实体边界"，然后拾取边界，就可以生成直线。

（2）单击"拉伸除料"按钮，或选择菜单"造型"→"特征生成"→"除料"→"拉伸"，弹出"拉伸除料"对话框，在对话框中选择"贯穿"，单击"确定"按钮，如图 4.54 所示。

图 4.54　生成锤尾

（3）单击长方体上表面。单击"绘制草图"按钮，在特征树中出现"草图 2"，按尺寸在平面上画图，如图 4.55 所示。

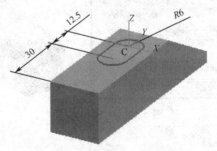

图 4.55　绘制锤柄孔草图

（4）单击"拉伸除料"按钮，或选择菜单"造型"→"特征生成"→"除料"→"拉伸"，弹出"拉伸除料"对话框，在对话框中选择"贯穿"，单击"确定"按钮完成操作，如图 4.56 所示。

图 4.56　生成锤柄孔

3. 绘制手锤头部

手锤头部可先利用"旋转除料"生成一个角，然后再利用"环形阵列"生成其他的三个角。操作如下：

（1）单击长方体前面，单击"绘制草图"按钮，在特征树中出现"草图3"。按尺寸在所在平面画图，如图4.57所示。

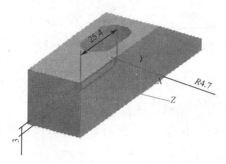

图4.57 绘制铆钉头草图

（2）退出草图，画"旋转除料"的旋转轴线（空间线）。单击"旋转除料"按钮，弹出"旋转"对话框。拾取草图与旋转轴线，单击"确定"按钮完成操作，如图4.58所示。

图4.58 生成铆钉头

（3）画"环形阵列"的旋转轴线（空间线），如图4.59所示。

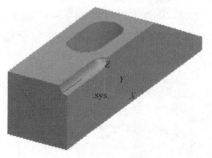

图4.59 绘制旋转轴线

（4）单击"环形阵列"按钮，弹出"环形阵列"对话框。选择阵列对象和旋转轴，输入或选择阵列角度为90、阵列数目为4。单击"确定"按钮完成操作，如图4.60所示。

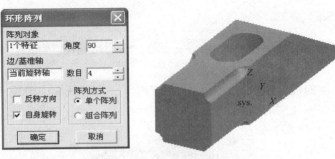

图 4.60 "环形阵列"对话框

4. 绘制圆角

(1) 单击"过渡"按钮，弹出"过渡"对话框。

(2) 输入或选择过渡半径为 0.5，拾取要过渡的各表面，单击"确定"按钮完成操作，如图 4.61 所示。

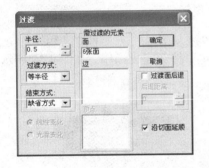
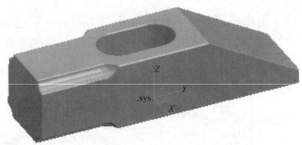

图 4.61 过渡圆角

4.3.2 知识链接——旋转除料

(1) 应用场合：围绕一条空间直线旋转一个或多个封闭轮廓，移除生成一个特征。

(2) 操作步骤：先画旋转轮廓的草图和旋转轴线（空间线），再单击"旋转除料"按钮，或选择菜单"造型"→"特征生成"→"除料"→"旋转"，弹出"旋转"对话框，选择旋转类型，确定旋转角度、旋转方向等，拾取草图、旋转轴线，单击"确定"按钮完成操作，对话框如图 4.62 所示。

图 4.62 "旋转"对话框

(3) 旋转类型包括"单向旋转"、"对称旋转"和"双向旋转"。

① 单向旋转：按照给定的角度数值进行单向的旋转，如图 4.63（a）所示。
② 对称旋转：以草图为中心，向相反的两个方向进行旋转，角度值以草图为中心平分，如图 4.63（b）所示。
③ 双向旋转：以草图为起点，向两个方向进行旋转，角度值分别输入，如图 4.63（c）所示。

（4）角度：旋转的尺寸值，可以直接输入所需数值，也可以单击按钮来调节。

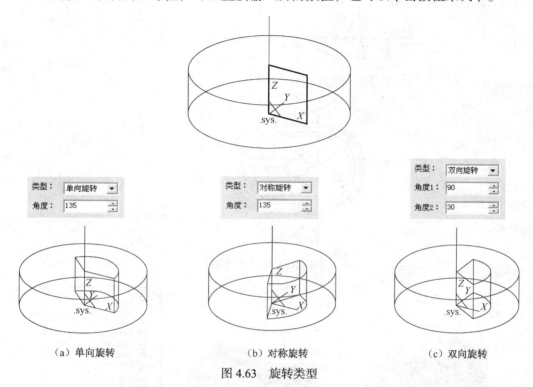

图 4.63　旋转类型

（5）反向旋转：与默认方向相反的方向进行旋转。
（6）拾取：对需要旋转的草图和轴线的选择。

> 提示：旋转轴线是空间曲线，需要退出草图状态后绘制。

4.4　塑料凳实体造型

本任务新增了建立基准平面、曲面裁剪除料、抽壳的功能应用，实现了塑料凳实体造型，零件图如图 4.64 所示。

塑料凳是常用的日用品，塑料凳主要是由底座、侧面、顶面、顶孔、桥孔等特征组成。底座、侧面直接通过"拉伸增料"实现，顶面由"曲面除料"实现，顶孔、桥孔可以通过"拉伸除料"实现，中空部分可以由"抽壳"完成。塑料凳的实体造型与特征树如图 4.65 所示。

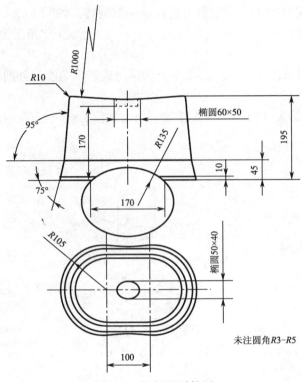

图 4.64 塑料凳零件图

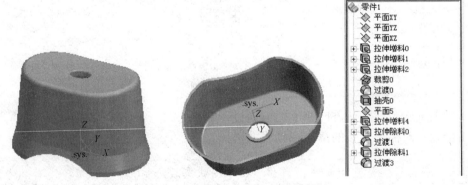

图 4.65 塑料凳实体造型与特征树

4.4.1 塑料凳实体造型操作步骤

1. 生成底座

（1）选择特征树栏中的"零件特征"，单击"平面XY"作为绘制草图的基准平面，再单击"绘制草图"按钮，在特征树中出现"草图0"。

（2）按尺寸画草图，如图4.66所示。

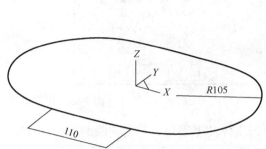

图 4.66　画草图

（3）单击"拉伸增料"按钮，或选择菜单"造型"→"特征生成"→"增料"→"拉伸"，弹出"拉伸增料"对话框。在对话框中输入拉伸的深度值为"10"，单击"确定"按钮完成操作，如图 4.67 所示。

图 4.67　"拉伸增料"对话框

2．绘制侧面

（1）单击底座的上表面，单击"绘制草图"按钮，在特征树中出现"草图 1"。单击"相关线"按钮，或选择菜单"造型"→"曲线生成"→"相关线"，在立即菜单中选择"实体边界"。单击底板的上表面的边即得草图所需的直线，如图 4.68 所示。

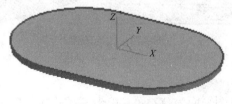

图 4.68　画草图

（2）单击"拉伸增料"按钮，或选择菜单"造型"→"特征生成"→"增料"→"拉伸"，弹出"拉伸增料"对话框。在对话框中输入拉伸的深度值为"35"，选择"增加拔模斜度"，输入或选择角度为"15"，单击"确定"按钮完成操作，如图 4.69 所示。

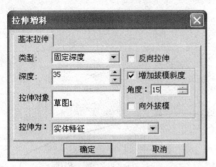 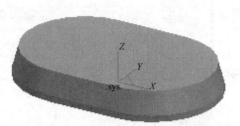

图4.69 拉伸增料

（3）单击实体的上表面，单击"绘制草图"按钮，在特征树中出现"草图2"。单击"相关线"按钮，或选择菜单"造型"→"曲线生成"→"相关线"，在即时菜单中选择"实体边界"。单击底板的上表面的边即得草图所需的直线，如图4.70所示。

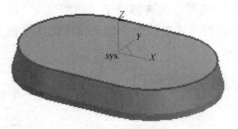

图4.70 画草图

（4）单击"拉伸增料"按钮，或选择菜单"造型"→"特征生成"→"增料"→"拉伸"，弹出"拉伸增料"对话框。在对话框中输入拉伸的深度值为"150"，选择"增加拔模斜度"，输入或选择角度为"5"，单击"确定"按钮完成操作，如图4.71所示。

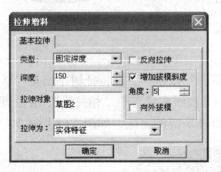 

图4.71 生成侧面

3. 绘制曲面

（1）按F9键，切换作图平面为 XZ 面，单击"相关线"按钮，或选择菜单"造型"→"曲线生成"→"相关线"，在即时菜单中选择"实体边界"。单击底板的上表面的两条圆弧。通过两圆弧中点画 $R1000$ 的向下凹的圆弧，如图4.72所示。

（2）单击"扫描面"按钮，输入有关参数，如图4.73所示。

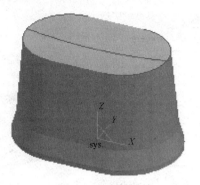

图 4.72 绘制圆弧

图 4.73 扫描面参数

（3）按空格键，弹出菜单，选择扫描方向为"Y 轴正方向"，选择圆弧为扫描曲线，如图 4.74 所示。

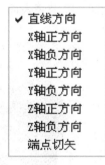 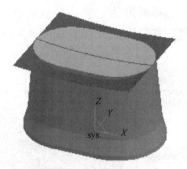

图 4.74 绘制扫描面

4. 曲面裁剪除料

（1）单击"曲面裁剪除料"按钮，或选择菜单"造型"→"特征生成"→"除料"→"曲面裁剪"，弹出"曲面裁剪除料"对话框。单击以上的扫描面为裁剪曲面，选择除料方向为向上，单击"确定"按钮完成操作，如图 4.75 所示。

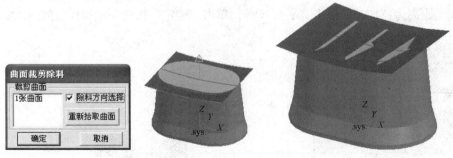

图 4.75 曲面裁剪除料

（2）删除曲面、圆弧，如图 4.76 所示。

（3）单击"过渡"按钮，或选择菜单"造型"→"特征生成"→"过渡"，弹出"过渡"对话框，输入或选择过渡半径为"10"，拾取顶面或顶面的边，单击"确定"按钮完成操作，如图 4.77 所示。

图 4.76　生成顶面

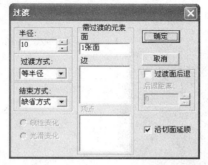

图 4.77　顶面过渡

5. 抽壳

（1）单击"抽壳"按钮，或选择菜单"造型"→"特征生成"→"抽壳"，弹出"抽壳"对话框。输入或选择厚度为"5"，拾取需抽去的面（单击底表面），如图 4.78 所示。

（2）单击"确定"按钮完成操作，如图 4.79 所示。

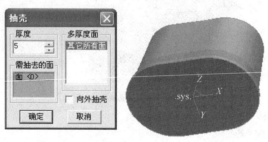

图 4.78　抽壳

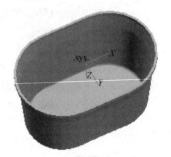

图 4.79　完成抽壳

6. 绘制顶面圆孔

（1）构造基准面。单击"构造基准面"按钮，或选择菜单"造型"→"特征生成"→"基准面"，弹出"构造基准面"对话框。选择"等距平面确定基准平面"，输入新建基准面与所选平面的距离为"170"，单击"平面 XY"，单击"确定"按钮完成操作，如图 4.80 所示。

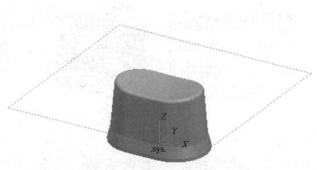

图 4.80　构造基准面

（2）选择特征树中的新建的平面，单击"绘制草图"按钮，在特征树中出现"草图

3",以原点作为中心画椭圆,如图 4.81 所示。

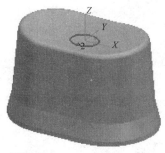

图 4.81　画椭圆

（3）单击"拉伸增料"按钮，或选择菜单"造型"→"特征生成"→"增料"→"拉伸",弹出"拉伸增料"对话框。在类型中选择"拉伸到面",点选顶面,单击"确定"按钮完成操作,如 4.82 所示。

图 4.82　生成椭圆体

（4）单击椭圆体底面,单击"绘制草图"按钮，在特征树中出现"草图 4",按尺寸在平面上画草图。单击"拉伸除料"按钮，或选择菜单"造型"→"特征生成"→"除料"→"拉伸",弹出"拉伸除料"对话框。在对话框中选择"贯穿",单击"确定"按钮完成操作,如图 4.83 所示。

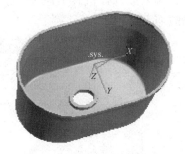

图 4.83　画椭圆孔

（5）单击"过渡"按钮，或选择菜单"造型"→"特征生成"→"过渡",弹出"过渡"对话框,输入或选择过渡半径为"3",拾取椭圆筒内壁或上、下两条椭圆边,单击"确定"按钮完成操作,如图 4.84 所示。

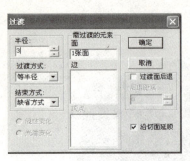

图 4.84　椭圆孔过渡

7. 绘制桥孔

（1）选择特征树栏中的"零件特征"，单击"平面 XY"作为绘制草图的基准平面，再单击"绘制草图"按钮，在特征树中出现"草图 5"。按尺寸画草图，如图 4.85 所示。

（2）单击"拉伸除料"按钮，或选择菜单"造型"→"特征生成"→"除料"→"拉伸"，弹出"拉伸除料"对话框。在对话框中选择"贯穿"，单击"确定"按钮完成操作，如图 4.86 所示。

图 4.85　桥孔草图　　　　图 4.86　生成桥孔

8. 过渡

单击"过渡"按钮，或选择菜单"造型"→"特征生成"→"过渡"，弹出"过渡"对话框，输入或选择过渡半径为"5"，拾取侧面连接的边，单击"确定"按钮完成操作，如图 4.87 所示。

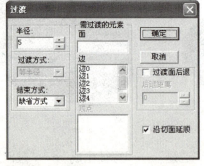

图 4.87　过渡

完成后，塑料凳的特征树与实体造型如图 4.88 所示。

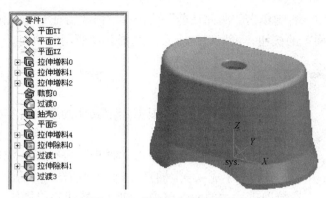

图 4.88　特征树与实体造型

4.4.2　知识链接

1. 曲面裁剪除料

（1）适用场合：用生成的曲面对实体进行修剪，去掉不需要的部分。

（2）操作步骤：完成曲面后，单击"曲面裁剪除料"按钮，或选择菜单"造型"→"特征生成"→"除料"→"曲面裁剪"，弹出"曲面裁剪除料"对话框。单击裁剪曲面，选择除料方向，单击"确定"按钮完成操作，如图 4.89 所示。

（3）裁剪曲面：是指对实体进行裁剪的曲面，参与裁剪的曲面可以是多张边界相连的曲面。

（4）除料方向选择：是指除去哪一部分实体的选择，分别按照不同方向生成实体，如图 4.90 所示。

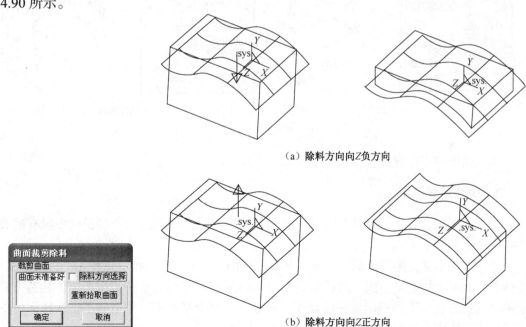

图 4.89　"曲面裁剪除料"对话框　　　　图 4.90　除料方向

（5）在特征树中，右键单击"曲面裁剪"后选择"修改特征"，弹出的对话框，其中增加了"重新拾取曲面"的按钮，可以以此来重新选择裁剪所用的曲面。

2. 抽壳

（1）适用场合：根据指定壳体的厚度将实心物体抽成内空的薄壳体。

（2）操作步骤：单击"抽壳"按钮，或选择菜单"造型"→"特征生成"→"抽壳"，弹出"抽壳"对话框。输入或选择厚度，拾取需抽去的面，单击"确定"按钮完成操作，如图4.91所示。

（3）厚度：是指抽壳后实体的壁厚。

图4.91　"抽壳"对话框

（4）需抽去的面：是指要拾取去除材料的实体表面。

（5）向外抽壳：是指与默认抽壳方向相反，在同一个实体上分别按照两个方向生成实体，结果是尺寸不同，如图4.92所示。

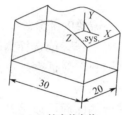

（a）抽壳前实体

（b）抽壳

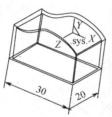

（c）向外抽壳

图4.92　抽壳

（6）如果抽壳厚度不合理，会出现抽壳失败。

3. 构造基准平面

（1）适用场合：通过某特征构造出所需的基准平面。一般应用于特征树中没有的和实体中也没有的某个平面。

（2）操作步骤：选择菜单"应用"→"特征生成"→"基准面"，或单击"构造基准面"按钮，出现"构造基准面"对话框，如图4.93所示。在对话框中点取所需的构造方式，依照"构造方法"下的提示做相应操作，确定后，这个基准面就构造好了。在特征树中，可见新增了刚刚构造好的这个基准平面。

第 4 章 实体特征造型

图 4.93 "构造基准面"对话框

（3）等距平面确定基准平面：构建一个与已知平面平行的基准平面，距离可直接输入或选择，方向可由选择"向相反方向"确定。

（4）过直线与平面成夹角确定基准平面：过已知的直线构建一个与参照平面成一定角度的基准平面，角度值可直接输入或选择，方向可由选择"向相反方向"确定。

（5）生成曲面上某点的切平面：过已知点构建一个与曲面相切的基准平面。

（6）过点且垂直于直线确定基准平面：过已知点构建一个与直线垂直的基准平面。

（7）过点且平行于平面确定基准平面：过已知点构建一个与参照平面平行的基准平面。

（8）过点和直线确定基准平面：过已知点和直线构建一个基准平面，点不能在直线上。

（9）三点确定基准平面：过已知的三点构建一个基准平面，三点不能在直线上。

（10）根据当前从坐标系构造基准平面：构建一个与当前坐标平面平行的基准平面，距离可直接输入或选择，方向可由选择"向相反方向"确定。

4.5 吹风机实体造型

本任务应用了拉伸增料、拉伸除料、放样增料、过渡、抽壳、线性阵列等特征实现吹风机实体造型。

吹风机是常用的日用品，主要是由风筒、手把、开关孔、后盖等特征组成。风筒通过"放样增料"实现，手把、开关孔由"拉伸除料"实现，后盖可以通过"拉伸除料"和"环形阵列"实现，中空部分由"抽壳"完成。吹风机的实体造型与特征树如图 4.94 所示。

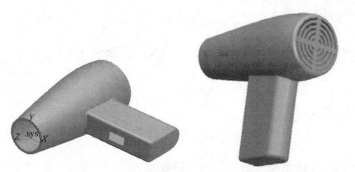 

图 4.94 吹风机的实体造型与特征树

4.5.1 吹风机实体造型操作步骤

1. 绘制风筒

（1）选择特征树栏中的"零件特征"，单击"平面 XZ"作为绘制草图的基准平面，再单击"绘制草图"按钮，在特征树中出现"草图 0"。按尺寸画草图，如图 4.95 所示。

（2）构造基准面。单击"构建基准面"按钮，或选择菜单"造型"→"特征生成"→"基准面"，弹出"构造基准面"对话框。选择"等距平面确定基准平面"，输入新建基准面与所选平面的距离为"200"，单击"平面 XZ"，单击"确定"按钮完成。单击"绘制草图"按钮，在特征树中出现"草图 1"。按尺寸画草图，如图 4.96 所示。

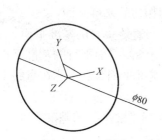
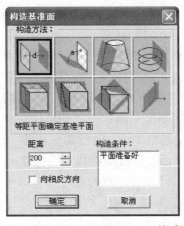
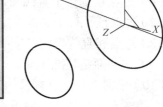

图 4.95　画草图 0　　　　　图 4.96　构建基准面

（3）同以上步骤，在"构造基准面"对话框中选择"等距平面确定基准平面"，输入新建基准面与所选平面的距离为"300"，单击"平面 XZ"，单击"确定"按钮完成操作。单击"绘制草图"按钮，在特征树中出现"草图 2"。按尺寸画草图，如图 4.97 所示。

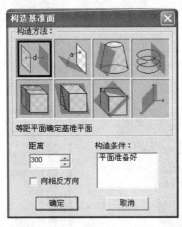
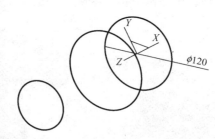

图 4.97　构建基准面 2

（4）单击"放样"按钮，或选择菜单"造型"→"特征生成"→"增料"→"放样"，弹出"放样"对话框。选择放样的轮廓,选择时注意同一方向,如图 4.98 所示。单击"确定"按钮完成操作,如图 4.99 所示。

 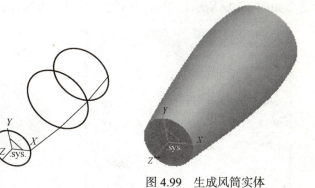

图 4.98　放样增料　　　　　图 4.99　生成风筒实体

2. 绘制手把

(1)选择特征树栏中的"零件特征",单击"平面 YZ"作为绘制草图的基准平面,再单击"绘制草图"按钮,在特征树中出现"草图 3"。按尺寸画草图,如图 4.100 所示。

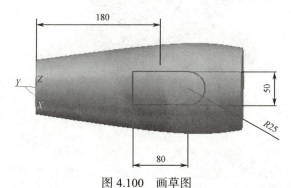

图 4.100　画草图

(2)单击"拉伸增料"按钮,或选择菜单"造型"→"特征生成"→"增料"→"拉伸",弹出"拉伸增料"对话框。在对话框中输入拉伸的深度值为"230",单击"确定"按钮完成操作,如图 4.101 所示。

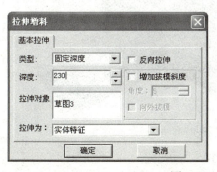 

图 4.101　拉伸增料

（3）单击"过渡"按钮，或选择菜单"造型"→"特征生成"→"过渡"，弹出"过渡"对话框，输入或选择过渡半径为"5"，拾取手把与风筒的连贯线和手把的棱边及风筒的后盖，如图 4.102 所示。单击"确定"按钮完成操作，如图 4.103 所示。

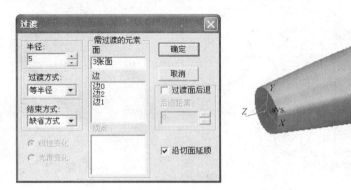

图 4.102　过渡

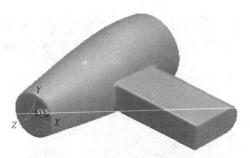

图 4.103　过渡完成

3. 抽壳

（1）单击"抽壳"按钮，或选择菜单"造型"→"特征生成"→"抽壳"，弹出"抽壳"对话框。输入或选择厚度为"2"，拾取需抽去的面（单击风筒出风口），如图 4.104 所示。

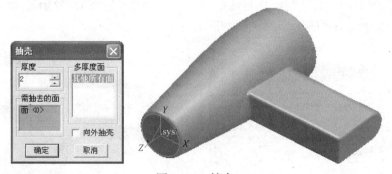

图 4.104　抽壳

（2）单击"确定"按钮完成操作，如图 4.105 所示。

第 4 章　实体特征造型

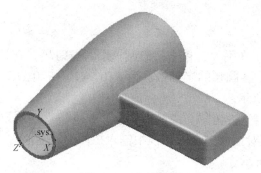

图 4.105　完成抽壳

4．开关孔

（1）单击手把前面，单击"绘制草图"按钮，在特征树中出现"草图4"，按尺寸在平面上画草图，如图 4.106 所示。

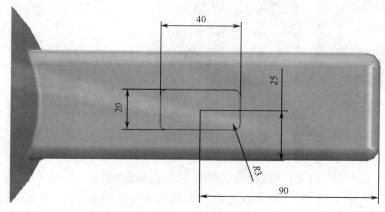

图 4.106　开关孔草图

（2）单击"拉伸除料"按钮，或选择菜单"造型"→"特征生成"→"除料"→"拉伸"，弹出"拉伸除料"对话框。在对话框中输入拉伸的深度值为"3"，单击"确定"按钮完成操作，如图 4.107 所示。

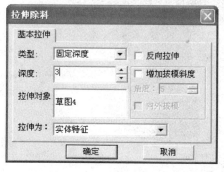 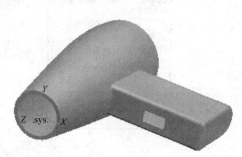

图 4.107　生成开关孔

105

5. 绘制后盖

(1) 单击风筒后盖所在平面，单击"绘制草图"按钮，在特征树中出现"草图5"，按尺寸在平面上画草图，各圆弧的半径依次为 $R10$、$R15$、$R20$、$R25$、$R30$、$R35$、$R40$、$R45$、$R50$、$R55$，如图 4.108 所示。

(2) 单击"拉伸除料"按钮，或选择菜单"造型"→"特征生成"→"除料"→"拉伸"，弹出"拉伸除料"对话框。在对话框中输入拉伸的深度值为"3"，单击"确定"按钮完成操作，如图 4.109 所示。

(3) 画"环形阵列"的旋转轴线（正交空间线），如图 4.110 所示。

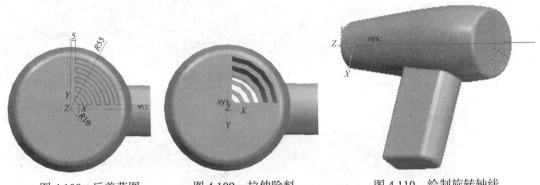

图 4.108 后盖草图　　图 4.109 拉伸除料　　图 4.110 绘制旋转轴线

(4) 单击"环形阵列"按钮，弹出"环形阵列"对话框。单击阵列对象下的"选择阵列对象"后选择特征树中的"拉伸除料1"，此时阵列对象中的文本框中显示为"1个特征"；单击"边/基准轴"下的"选择旋转轴"后单击旋转轴线，此时"边/基准轴"下的文本框中显示为"当前旋转轴"；输入或选择阵列角度为90、阵列数目为4；选择阵列方式为"组合阵列"。单击"确定"按钮，完成操作。删除旋转轴线后如图 4.111 所示。

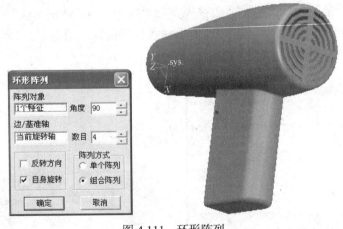

图 4.111 环形阵列

完成后，吹风机的特征树与实体造型如图 4.112 所示。

图 4.112　特征树与实体造型

4.5.2　知识链接

1. 放样增料

（1）适用场合：根据多个截面线轮廓生成一个实体。

（2）操作步骤：先画截面线轮廓的草图，再单击"放样增料"按钮，或选择菜单"造型"→"特征生成"→"增料"→"放样"，弹出"放样"对话框，拾取截面线轮廓的草图，单击"确定"按钮完成操作。对话框如图 4.113 所示。

（3）轮廓：需要放样的草图。

（4）上和下：调节拾取草图的顺序。

（5）轮廓按照操作中的拾取顺序排列。拾取轮廓时，要注意状态栏指示，拾取不同的边，不同的位置，会产生不同的结果，如图 4.114 所示。

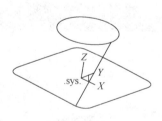

（a）上、下轮廓始边不对齐

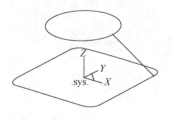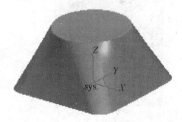

（b）上、下轮廓始边对齐

图 4.113　"放样"对话框　　　　图 4.114　轮廓的选择与结果

图 4.115 "放样"对话框

2. 放样除料

(1) 适用场合：根据多个截面线轮廓移出一个实体。

(2) 操作步骤：先画截面线轮廓的草图，再单击"放样除料"按钮，或选择菜单"造型"→"特征生成"→"除料"→"放样"，弹出"放样"对话框，拾取截面线轮廓的草图，单击"确定"按钮完成操作。对话框如图 4.115 所示。

(3) 轮廓：需要放样的草图。

(4) 上和下：调节拾取草图的顺序。

(5) 与放样增料一样，拾取轮廓时，要注意状态栏指示，拾取不同的边，不同的位置，会产生不同的结果。

4.6 计算器实体造型

本任务综合应用了拉伸增料、拉伸除料、放样增料、放样除料、导动除料、倒角、线性阵列等特征，实现了计算器的实体造型。

计算器是日常生活中常用的工具，主要是由底板、按键、屏幕等组成。由于底板不是规则的四方体、不能直接通过"拉伸增料"实现，可以通过"放样增料"实现，底板的顶部由"导动除料"实现。按键可以由"拉伸增料"生成一个按键，其他的可由"线性阵列"实现。屏幕可以由"放样除料"实现。其他特征应用还有倒角、过渡等。计算器的实体造型与完成后的特征树如图 4.116 所示。

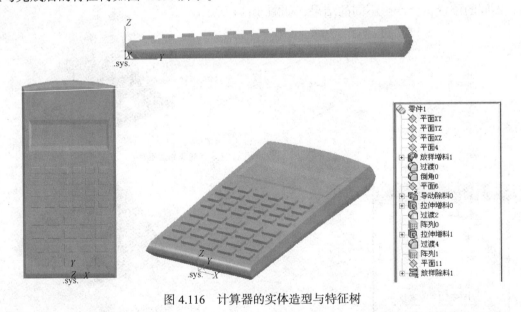

图 4.116 计算器的实体造型与特征树

4.6.1 计算器实体造型操作步骤

1. 绘制底板

（1）选择特征树栏中的"零件特征"，单击"平面 XZ"作为绘制草图的基准平面，再单击"绘制草图"按钮，在特征树中出现"草图 0"，按尺寸画图，如图 4.117 所示。

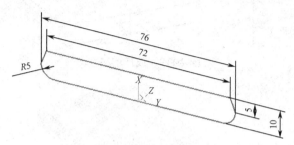

图 4.117 绘制草图 0

（2）退出草图 0，单击"构建基准面"按钮，或选择菜单"造型"→"特征生成"→"基准面"，弹出"构造基准面"对话框。选择"根据当前坐标系构建基准面"，选择构造条件为"ZOX 平面"，输入距离为"160"，单击"确定"按钮生成平面 4。单击"绘制草图"按钮，按尺寸画草图，如图 4.118 所示。

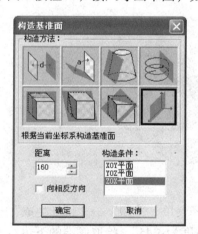
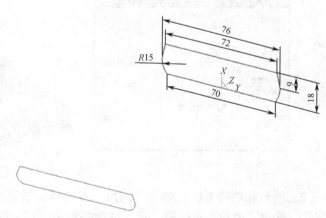

图 4.118 绘制草图 1

（3）生成底板。单击"放样增料"按钮，或选择菜单"造型"→"特征生成"→"增料"→"放样"，弹出"放样"对话框。选择放样的轮廓，选择时注意同一方向，如图 4.119 所示。单击"确定"按钮完成操作，如图 4.120 所示。

2. 绘制底部

（1）过渡底端的上边。单击"过渡"按钮，或选择菜单"造型"→"特征生成"→"过渡"，弹出"过渡"对话框，输入或选择过渡半径为"5"，拾取底板的上边，单击"确定"按钮完成操作，如图 4.121 所示。

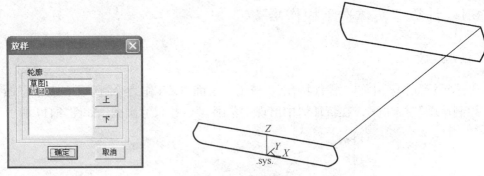

图 4.119　放样增料

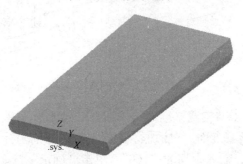

图 4.120　生成实体

图 4.121　过渡

（2）倒角底端的下边。单击"倒角"按钮，或选择菜单"造型"→"特征生成"→"倒角"，弹出"倒角"对话框，输入或选择距离"5"、角度为"45"，拾取底端的下边，单击"确定"按钮完成操作，如图 4.122 所示。

 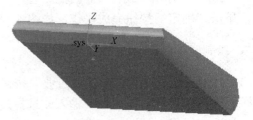

图 4.122　倒角

3. 绘制顶部

（1）单击"构建基准面"按钮，或选择菜单"造型"→"特征生成"→"基准面"，弹出"构造基准面"对话框。选择"根据当前坐标系构建基准面"，选择构造条件为"YOX 平面"，输入距离为"40"，单击"确定"按钮生成平面 5。单击"绘制草图"按钮，按尺寸画草图，如图 4.123 所示。

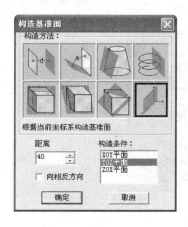
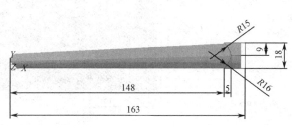

图 4.123　绘制草图

（2）画导动线。退出草图，在平面 XY 上画圆弧（圆心_起点_圆心角），圆心为原点，起点为草图中 R16 的一端，如图 4.124 所示。

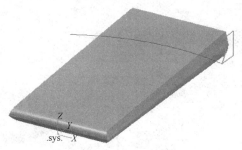

图 4.124　绘制导动线

（3）导动除料。单击"导动除料"按钮，或选择菜单"造型"→"特征生成"→"除料"→"导动"，弹出"导动除料"对话框，先拾取轨迹线（右键结束），再拾取轮廓截面线的草图，单击"确定"按钮完成操作。对话框如图 4.125 所示。删除轨迹线后如图 4.126 所示。

图 4.125　导动除料　　　　　　　　　　图 4.126　生成顶部

> 提示：导动除料的轨迹线必须是空间线，起点要在轮廓线处，选择后要选择导动的方向，完成后单击右键结束。

4．绘制按键

（1）单击上表面作为绘制草图的基准平面，再单击"绘制草图"按钮，在特征树中出现"草图3"，在左下角按尺寸画草图，如图4.127所示。

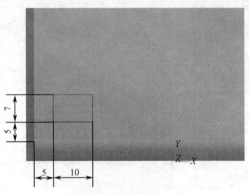

图4.127 绘制按键草图

（2）单击"拉伸增料"按钮，或选择菜单"造型"→"特征生成"→"增料"→"拉伸"，弹出"拉伸增料"对话框。在对话框中输入拉伸的深度值为"2"，单击"确定"按钮，完成操作，如图4.128所示。

图4.128 生成单个按键

（3）单击"过渡"按钮，弹出"过渡"对话框。输入或选择过渡半径为0.3，拾取要过渡的按键上表面，单击"确定"按钮完成操作，如图4.129所示。

（4）画两条辅助空间线作为线性阵列的基准轴，如图4.130所示。

（5）单击"线性阵列"按钮，或选择菜单"造型"→"特征生成"→"线性阵列"，弹出"线性阵列"对话框，选择第一方向，选择横线作为基准轴，注意方向为向右，选择阵列模式为"组合阵列"，拾取阵列对象，填入距离"13"和数目"5"，如图4.131所示。

选择第二方向，选择纵线作为基准轴，注意方向为向上，填入距离"11"和数目"4"，如图4.132所示。单击"确定"按钮完成操作，如图4.133所示。

第 4 章 实体特征造型

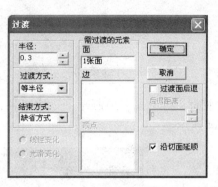

图 4.129 过渡圆角

图 4.130 绘制基准轴

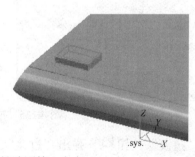

图 4.131 线性阵列第一方向

图 4.132 线性阵列第二方向

> 注意1：纵向的基准轴，由"实体边界"画得的线为样条线，不能作为基准轴使用。可用其他方法绘制该线。
>
> 注意2：先选择阵列模式为"组合阵列"，后拾取阵列对象。

（6）单击上表面作为绘制草图的基准平面，再单击"绘制草图"按钮，在特征树中出现"草图4"，按尺寸画草图，如图4.134所示。

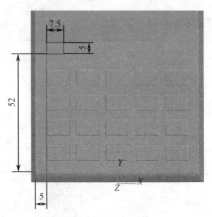

图4.133　生成按键　　　　　图4.134　绘制小按键草图

（7）单击"拉伸增料"按钮，弹出"拉伸增料"对话框。在对话框中输入拉伸的深度值为"2"，单击"确定"按钮完成操作，如图4.135所示。

图4.135　拉伸增料

（8）单击"过渡"按钮，弹出"过渡"对话框。输入或选择过渡半径为"0.3"，拾取要过渡的按键上表面，单击"确定"按钮完成操作，如图4.136所示。

图4.136　过渡圆角

（9）单击"线性阵列"按钮，弹出"线性阵列"对话框，选择第一方向，选择横线作为基准轴，注意方向为向右，选择阵列模式为"组合阵列"，拾取阵列对象，填入距离"11"和数目"6"，如图 4.137 所示。

图 4.137　线性阵列第一方向

选择第二方向，选择纵线作为基准轴，注意方向为向上，填入距离"11"和数目"4"，如图 4.138 所示。单击"确定"按钮，完成操作。删除辅助线，如图 4.139 所示。

图 4.138　线性阵列第二方向

图 4.139　生成小按键

5. 绘制屏幕

（1）单击上表面作为绘制草图的基准平面，再单击"绘制草图"按钮，在特征树中出现"草图 5"，按尺寸画草图，如图 4.140 所示。

（2）退出草图 5，单击"构建基准面"按钮，或选择菜单"造型"→"特征生成"→"基准面"，弹出"构造基准面"对话框。选择"等距平面确定基准平面"，选择底板的上表面为构造条件,输入距离为"1",选择"向相反方向"(所需平面在底板的上表面之下),单击"确定"按钮生成平面6,如图4.141所示。

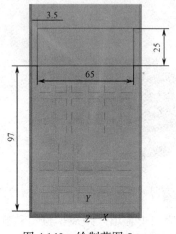
图4.140 绘制草图5

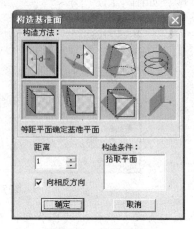
图4.141 构造平面6

(3)在平面6下,单击"绘制草图"按钮,按尺寸画草图(两矩形中心点重合),如图4.142所示。

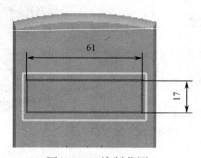
图4.142 绘制草图6

(4)单击"放样除料"按钮,或选择菜单"造型"→"特征生成"→"除料"→"放样",弹出"放样"对话框,如图4.143所示。选择放样的轮廓,选择时注意同一方向,单击"确定"按钮完成操作,如图4.144所示。

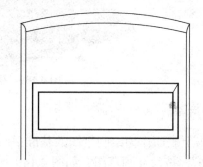

图4.143 放样除料

图 4.144 生成屏幕

4.6.2 知识链接

1. 导动除料

（1）适用场合：将某一截面曲线或轮廓线沿着另外一条轨迹线运动移出一个特征实体。

（2）操作步骤：先画轮廓截面曲线的草图和轨迹线（空间曲线），再单击"导动除料"按钮，或选择菜单"造型"→"特征生成"→"除料"→"导动"，弹出"导动"对话框，先拾取轨迹线（右键结束），再拾取轮廓截面线的草图，选择导动类型，单击"确定"按钮完成操作。对话框如图 4.145 所示。

图 4.145 "导动"对话框

（3）平行导动：截面线沿导动线趋势始终平行它自身地移动而移出的特征实体，如图 4.146 所示。

（4）固接导动：在导动过程中，截面线和导动线保持固接关系，即让截面线平面与导动线的切矢方向保持相对角度不变，而且截面线在自身相对坐标架中的位置关系保持不变，截面线沿导动线变化的趋势导动移出特征实体，如图 4.147 所示。

（5）轮廓截面线：需要导动的草图，截面线应为封闭的草图轮廓。

（6）轨迹线：草图导动所沿的路径，应为空间曲线。

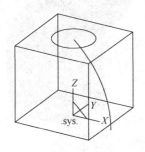

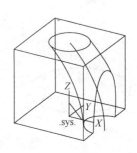

图 4.146 平行导动除料

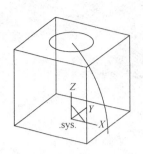  

图 4.147 固接导动除料

2. 导动增料

(1) 适用场合：将某一截面曲线或轮廓线沿着另外一条轨迹线运动生成一个特征实体。

(2) 操作步骤：先画轮廓截面曲线的草图和轨迹线（空间曲线），再单击"导动增料"按钮，或选择菜单"造型"→"特征生成"→"增料"→"导动"，弹出"导动"对话框，先拾取轨迹线（单击右键结束），再拾取轮廓截面线的草图，选择导动类型，单击"确定"按钮完成操作。对话框如图 4.148 所示。

(3) 平行导动：截面线沿导动线趋势始终平行它自身地移动而生成的特征实体，如图 4.149 所示。

(4) 固接导动：在导动过程中，截面线和导动线保持固接关系，即让截面线平面与导动线的切矢方向保持相对角度不变，而且截面线在自身相对坐标架中的位置关系保持不变，截面线沿导动线变化的趋势导动生成特征实体，如图 4.150 所示。

(5) 轮廓截面线：需要导动的草图，截面线应为封闭的草图轮廓。

(6) 轨迹线：草图导动所沿的路径，应为空间曲线。

图 4.148 "导动"对话框

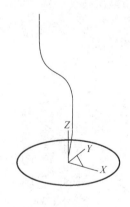  

图 4.149 平行导动增料

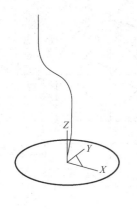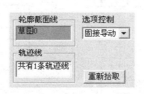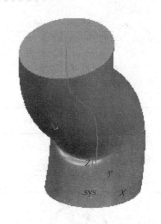

图 4.150　固接导动增料

3. 线性阵列

（1）适用场合：沿一个方向或多个方向快速进行特征的复制。

（2）操作步骤：单击"线性阵列"按钮，或选择菜单"造型"→"特征生成"→"线性阵列"，弹出"线性阵列"对话框，分别在第一和第二阵列方向，拾取"阵列对象"和"边/基准轴"，填入距离和数目，单击"确定"按钮完成操作，对话框如图 4.151 所示。

图 4.151　"线性阵列"对话框

（3）方向：阵列的第一方向和第二方向。
（4）阵列对象：要进行阵列的特征。
（5）边/基准轴：阵列所沿的指示方向的边或者基准轴。
（6）距离：阵列对象相距的尺寸值，可以直接输入所需数值，也可以单击按钮来调节。
（7）数目：阵列对象的个数，可以直接输入所需数值，也可以单击按钮来调节。
（8）反转方向：与默认方向相反的方向进行阵列。
（9）单个阵列：只对一个特征进行阵列。组合阵列：可对多个特征进行阵列。

实 战 练 习

1. 根据零件图 4.152～图 4.156，完成零件的实体造型。

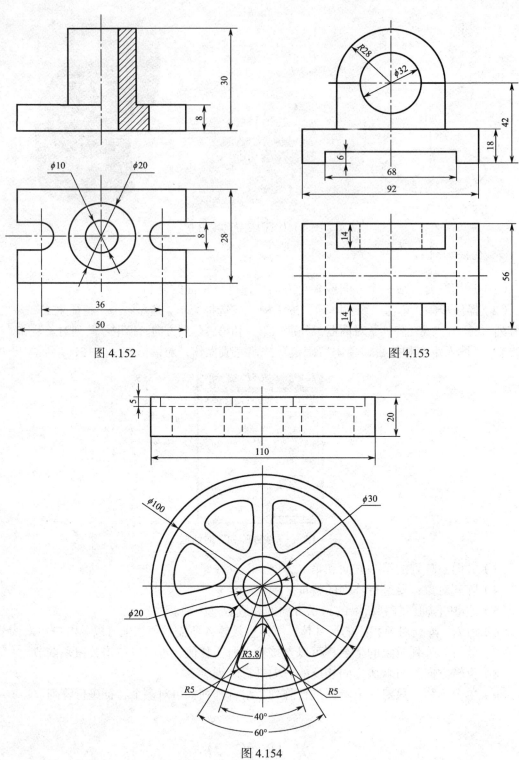

图 4.152

图 4.153

图 4.154

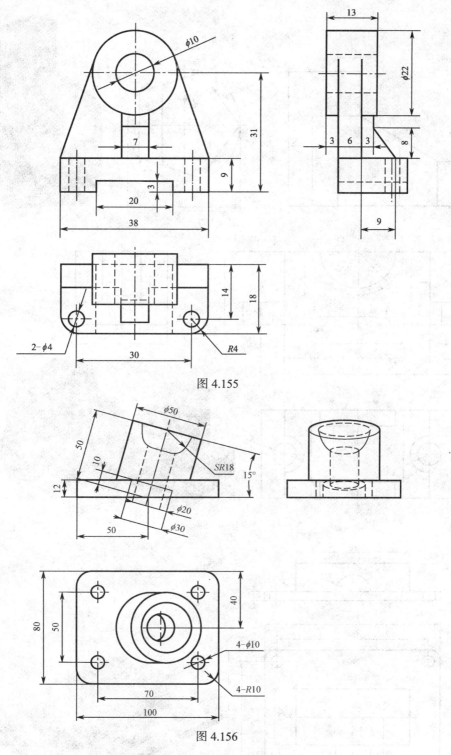

图 4.155

图 4.156

2. 根据图 4.157～图 4.160 完成零件的实体造型。

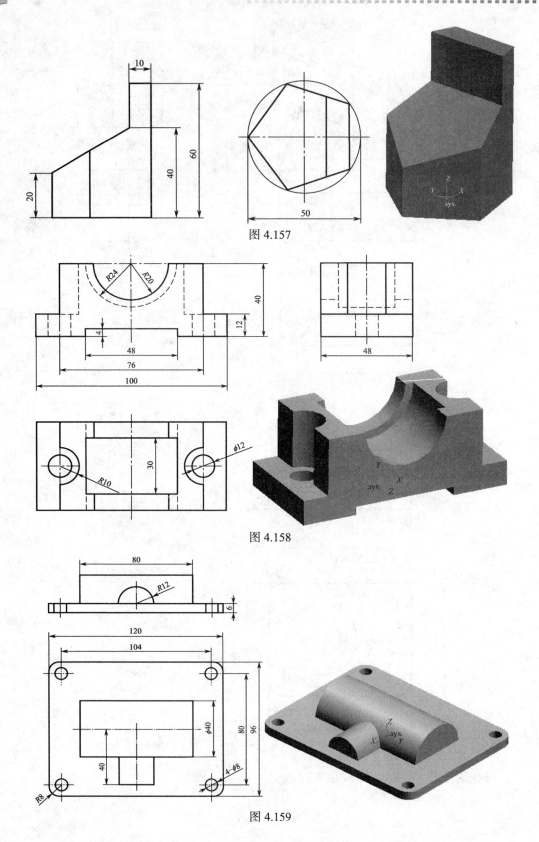

图 4.157

图 4.158

图 4.159

第 4 章 实体特征造型

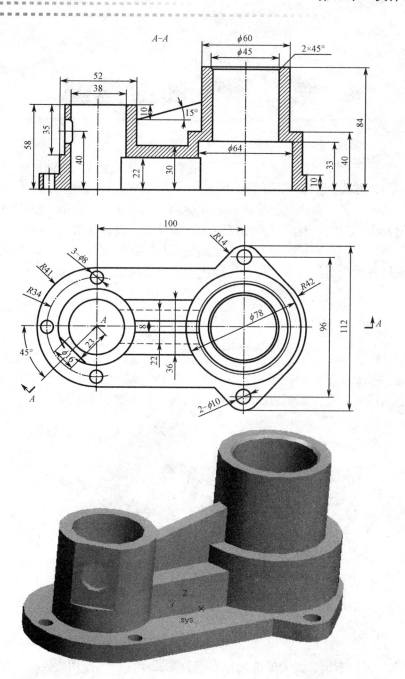

图 4.160

第 5 章 曲面造型

曲面造型是指通过丰富的复杂型面、曲面造型手段，生成三维曲面模型。根据曲面特征线的不同组合方式，可以应用不同的曲面生成方式。CAXA 制造工程师 2011 提供了强大的曲面造型功能，包括直纹面、旋转面、导动面、扫描面、放样面、等距面、边界面和平面等曲面绘制方法及曲面裁剪、曲面过渡、曲面缝合、曲面拼接和曲面延伸等曲面编辑功能。构造曲面的关键在于正确绘制出确定曲面形状的曲线或线框，在这些曲线或线框的基础上，再应用各种曲面生成和编辑方法创建各种组合曲面。

5.1 衬盖曲面造型

衬盖是机械工业中常用的零件，其外形由旋转曲面、直纹面、平面组成。本任务将应用旋转面、直纹面、平面造型方法实现衬盖曲面，外形如图 5.1 所示。

图 5.1 衬盖外形图

从图 5.1 可以看出，衬盖的曲面外形部分为回转体，可应用旋转面方法建造，中间应用直纹面建造；两端面应用平面和曲面剪裁的方法建造。

5.1.1 衬盖曲面造型操作步骤

1. 创建衬盖外形曲面

（1）绘制外形曲线。

首先按 F6 键，将绘图平面切换到 YZ 平面，单击"直线"按钮 ，或选择菜单"造型"

→"曲线生成"→"直线",然后按图示尺寸完成旋转曲面的二维线条,如图5.2所示。

(2)绘制旋转轴(直线)。

单击"直线"按钮 ,或选择菜单"造型"→"曲线生成"→"直线",以坐标原点为起点,沿Z轴画一条直线(正交、长度不限),作旋转轴使用,如图5.3所示。

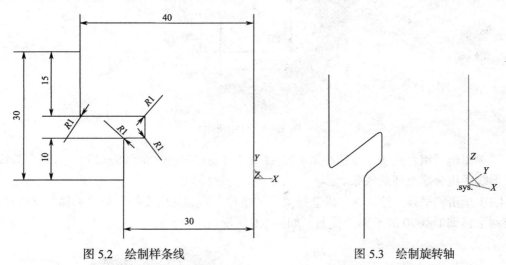

图5.2 绘制样条线　　　　　　图5.3 绘制旋转轴

(3)单击"组合曲线"按钮 ,或选择菜单"造型"→"曲线编辑"→"组合曲线",将二维线条组合成整体的线条。

(4)单击"旋转面"按钮 ,或选择菜单"造型"→"曲面生成"→"旋转面",在立即菜单中输入终止角:360。

① 拾取旋转轴(沿Z轴直线)。

② 选择方向。

③ 拾取母线(样条线),即生成衬盖回转曲面,如图5.4所示。

图5.4 创建衬盖外形曲面

2. 创建中间矩形柱面

(1)绘制矩形。

首先按F5键,将绘图平面切换到XY平面,单击"矩形"按钮 ,或选择菜单"造型"→"曲线生成"→"矩形",绘制出30×30的矩形,并完成R8的倒圆角,如图5.5所示。

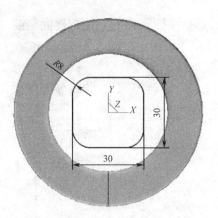

图 5.5 绘制矩形

（2）单击"组合曲线"按钮，或选择菜单"造型"→"曲线编辑"→"组合曲线"，将矩形线条组合成整体的线条。

（3）单击"平移"按钮，或选择菜单"造型"→"几何变换"→"平移"，将矩形线条复制平移到 DZ=30 的平面位置上，如图 5.6 所示。

 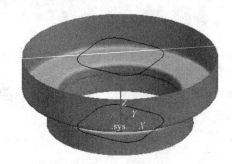

图 5.6 平移矩形线条

（4）单击"直纹面"按钮，或选择菜单"造型"→"曲面生成"→"直纹面"。
① 拾取下方矩形线条为第一曲线。
② 拾取上方矩形线条为第二曲线。
③ 拾取线条时，注意拾取的位置应保持一致，即生成矩形柱曲面，如图 5.7 所示。

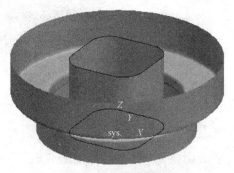

图 5.7 生成矩形柱曲面

3. 创建上下端平面

（1）绘制两圆。

首先按 F5 键，将绘图平面切换到 XY 平面，单击"整圆"按钮 ⊙，或选择菜单"造型"→"曲线生成"→"整圆"。

① 在 Z0 平面绘制出 ⌀60 的整圆。

② 在 Z30 平面绘制出 ⌀80 的整圆，如图 5.8 所示。

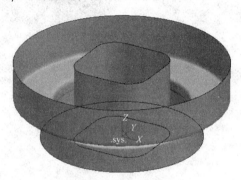

图 5.8　绘制两整圆

（2）创建两端曲面。

单击"平面"按钮，或选择菜单"造型"→"曲面生成"→"平面"。

①选择下端面 ⌀60 的整圆，任意选一方向，完成平面创建。

②选择上端面 ⌀80 的整圆，任意选一方向，完成平面创建，如图 5.9 所示。

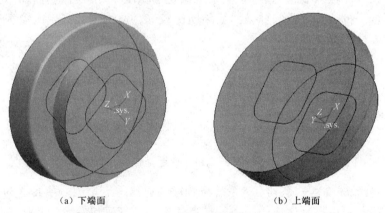

（a）下端面　　　　　　　　（b）上端面

图 5.9　创建两端曲面

（3）曲面剪裁。

单击"曲面剪裁"按钮，或选择菜单"造型"→"曲面编辑"→"曲面剪裁"，在立即菜单中选择"投影线裁剪"。

① 选择下端面 ⌀60 的平面，注意选择需要保留的部位。

② 按下键盘空格键，选择投影方向为 Z 轴负方向。

③ 选择剪刀线为 30×30 的矩形线条，完成曲面剪裁。

④ 选择上端面 ⌀80 的平面，注意选择需要保留的部位。

⑤ 按下键盘空格键，选择投影方向为 Z 轴负方向。
⑥ 选择剪刀线为 30×30 的矩形线条，完成曲面剪裁，如图 5.10 所示。

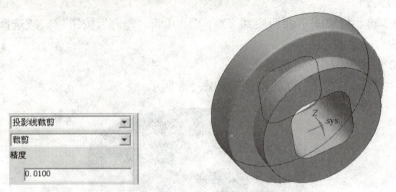

图 5.10　曲面剪裁

5.1.2　知识链接

1. 样条线

（1）应用场合：生成过给定顶点（样条插值点）的样条曲线。点的输入可由鼠标输入或由键盘输入。

（2）样条线生成方式。

① 逼近：按顺序输入一系列点，系统根据给定的精度生成拟合这些点的光滑样条曲线。用逼近方式拟合一批点，生成的样条曲线品质比较好，适用于数据点比较多且排列不规则的情况，如图 5.11 所示。

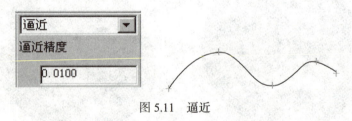

图 5.11　逼近

② 插值：按顺序输入一系列点，系统将顺序通过这些点生成一条光滑的样条曲线。通过设置立即菜单，可以控制生成的样条的端点切矢，使其满足一定的相切条件，也可以生成一条封闭的样条曲线，如图 5.12 所示。

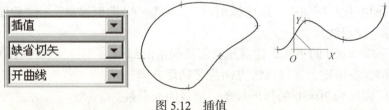

图 5.12　插值

第5章 曲面造型

2. 旋转面

（1）应用场合：按给定的起始角度、终止角度将曲线绕一旋转轴旋转而生成的轨迹曲面，如图 5.13 所示。

（2）参数选择。

① 起始角：是指生成曲面的起始位置与母线和旋转轴构成平面的夹角。

② 终止角：是指生成曲面的终止位置与母线和旋转轴构成平面的夹角。

图 5.13（a）所示为起始角为 0°，终止角为 360° 时的情况；图 5.13（b）所示为起始角为 60°，终止角为 270° 时的情况。

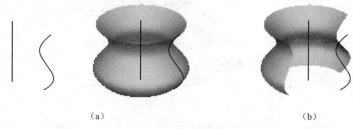

图 5.13 旋转面

> 提示：选择方向时的箭头方向与曲面旋转方向两者遵循右手螺旋法则。

3. 平面

（1）应用场合：利用多种方式生成所需平面。

（2）平面的形式：裁剪平面、工具平面、平行平面。

① 裁剪平面：由封闭内轮廓进行裁剪形成的有一个或者多个边界的平面。封闭内轮廓可以有多个，如图 5.14 所示。

图 5.14 裁剪平面

② 工具平面：包括 *XOY* 平面、*YOZ* 平面、*ZOX* 平面、三点平面、矢量平面、曲线平面和平行平面 7 种方式，如图 5.15 所示。

XOY 平面：绕 *X* 轴或 *Y* 轴旋转一定角度生成一个指定长度和宽度的平面。

YOZ 平面：绕 *Y* 轴或 *Z* 轴旋转一定角度生成一个指定长度和宽度的平面。

ZOX 平面：绕 *Z* 轴或 *X* 轴旋转一定角度生成一个指定长度和宽度的平面。

③ 平行平面：按指定距离，移动给定平面或生成一个复制平面（也可以是曲面），如图 5.16 所示。

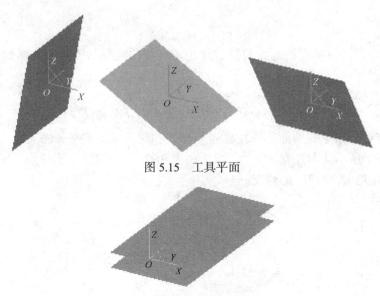

图 5.15　工具平面

图 5.16　平行平面

> 提示：平行平面功能与等距面功能相似，但等距面后的平面（曲面），不能再对其使用平行平面，只能使用等距面；而平行平面后的平面（曲面），可以再对其使用等距面或平行平面。

4. 等距面

按给定距离与等距方向生成与已知平面（曲面）等距的平面（曲面）。这个命令类似曲线中的"等距线"命令，不同的是"线"改成了"面"，如图 5.17 所示。

图 5.17　等距面

等距距离：是指生成平面在所选的方向上离开已知平面的距离。

> 提示：如果曲面的曲率变化太大，等距的距离应当小于最小曲率半径。

5. 曲面过渡

（1）应用场合：在给定的曲面之间以一定的方式作给定半径或半径规律的圆弧过渡面，以实现曲面之间的光滑过渡。

（2）过渡方式：两面过渡、三面过渡、系列面过渡、曲线曲面过渡、参考线过渡、曲面上线过渡和两线过渡。

① 两面过渡：在两个曲面之间进行给定半径或给定半径变化规律的过渡，生成的过渡面的截面将沿两曲面的法矢方向摆放。

② 三面过渡：在三张曲面之间对两两曲面进行过渡处理，并用一张曲面将所得的三张

过渡面连接起来。

③ 系列面过渡：系列面是指首尾相接、边界重合，并在重合边界处保持光滑连接的多张曲面的集合。系列面过渡就是在两个系列面之间进行过渡处理。

④ 曲线曲面过渡：过曲面外一条曲线，作曲线和曲面之间的等半径或变半径过渡面。

⑤ 参考线过渡：给定一条参考线，在两曲面之间作等半径或变半径过渡，生成的相切过渡面的截面将位于垂直于参考线的平面内。

⑥ 曲面上线过渡：两曲面作过渡，指定第一曲面上的一条线为过渡面的导引边界线的过渡方式。

⑦ 两线过渡：两曲线间作过渡，生成给定半径的以两曲面的两条边界线或者一个曲面的一条边界线和一条空间脊线为边生成过渡面。

> 提示：（1）用户须正确地指定曲面的方向，方向不同会导致完全不同的结果。（2）进行过渡的两个曲面在指定方向上与距离等于半径的等距面必须相交，否则曲面过渡失败。

5.2　手提电话外壳造型

手提电话是日常生活中常见的通信工具，其外形多为长方体，表面为曲面。本任务将应用样条线、扫描面、导动面、曲面裁剪等方法实现手提电话外壳造型，如图 5.18 所示。

图 5.18　手提电话外壳造型

从图 5.18 可以看出，手提电话的外壳是由周边曲面和表面曲面组合而成的。我们可应用扫描面方法创建周边曲面，然后应用导动面方法创建表面曲面，再应用曲面过渡方法将其外形进行裁剪、过渡，最后应用线裁剪方法裁去表面曲面上的显示窗和各按键孔。

5.2.1　手提电话外壳造型操作步骤

1. 创建周边曲面

（1）绘制外形曲线。

① 首先按 F5 键，将绘图平面切换到 XY 平面，单击"矩形"按钮▫，或选择菜单"造型"→"曲线生成"→"矩形"，以坐标原点为中心绘制 110×40 的矩形，然后按图示尺寸

进行圆弧连接，如图 5.19 所示。

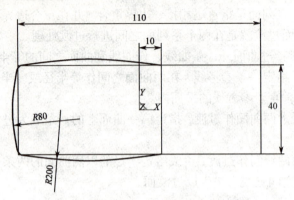

图 5.19　绘制外形曲线

② 删、剪多余线段，用 $R3$ 圆弧将四个角圆滑过渡，再用 $R100$ 将 $R200$ 圆弧与直线圆滑过渡，生成周边轮廓图，如图 5.20 所示。

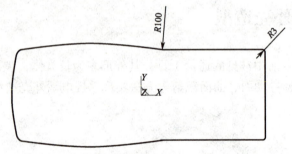

图 5.20　外形周边轮廓图

（2）曲线组合。

单击"曲线组合"按钮，或选择菜单"造型"→"曲线编辑"→"曲线组合"，在立即菜单中选择"删除原曲线"，拾取周边曲线，确定方向，即完成各段曲线组合，如图 5.21 所示。

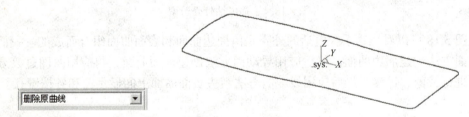

图 5.21　曲线组合

（3）创建周边曲面。

单击"扫描面"按钮，或选择菜单"造型"→"曲面生成"→"扫描面"，在立即菜单中输入起始距离：0；扫描距离：25；扫描角度：2。确定方向：按空格键选择"Z 轴正方向"，拾取周边曲线，即创建出周边曲面，如图 5.22 所示。

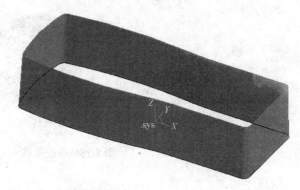

图 5.22 创建周边曲面

2. 创建表面曲面

（1）绘制导动线。

首先按 F7 键，将绘图平面切换到 *XZ* 平面，单击"样条线"按钮~，或选择菜单"造型"→"曲线生成"→"样条线"，按顺序输入组成样条线的各点坐标值，如图 5.23 所示。

第一点：(-60,0,17)；

第二点：(-40,0,18)；

第三点：(-15,0,19)；

第四点：(0,0,18)；

第五点：(15,0,17)；

第六点：(60,0,17)。

（2）绘制截面曲线。

首先按 F6 键，将绘图平面切换到 *YZ* 平面，单击"样条线"按钮~，或选择菜单"造型"→"曲线生成"→"样条线"，按顺序输入组成样条线的各点坐标值，如图 5.24 所示。

第一点：(0,-22,17)；

第二点：(0,0,19)；

第三点：(0,22,17)。

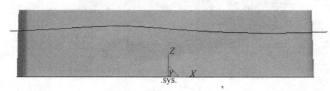

图 5.23 绘制导动线

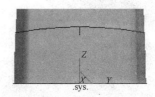

图 5.24 绘制截面曲线

（3）曲线平移。

按 F8 键，将图形轴测显示，单击"平移"按钮，或选择菜单"造型"→"几何变换"→"平移"，在立即菜单中选择"两点"、"移动"、"非正交"。拾取元素：截面曲线；输入基点坐标值：(0,0,19)，移动鼠标将截面线移至导动线的左端点，即完成截面线移动，如图 5.25 所示。

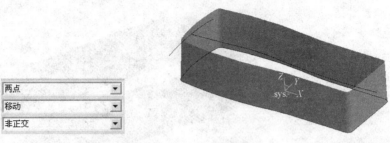

图5.25 曲线平移

（4）创建导动面。

单击"导动面"按钮，或选择菜单"造型"→"曲面生成"→"导动面"，在立即菜单中选择"平行导动"，拾取导动线，确定方向：单击图形前方，拾取截面线，即创建出表面曲面，如图5.26所示。

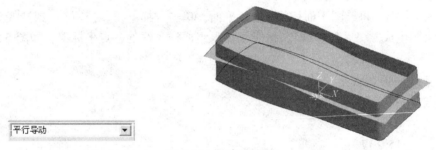

图5.26 创建导动面

（5）曲面过渡。

单击"曲面过渡"按钮，或选择菜单"造型"→"曲面编辑"→"曲面过渡"，在立即菜单中选择"两面过渡"、"等半径"、"裁剪两面"，输入圆角半径为：2。分别拾取两个曲面（需保留部分），确定方向，即可将两曲面裁剪并圆滑过渡，如图5.27所示。

图5.27 曲面过渡

3. 裁剪显示窗和各按键孔

（1）按F5键，将绘图平面切换到XY平面，按图示尺寸绘制两条垂直线，如图5.28所示。

（2）单击"相关线"按钮，或选择菜单"造型"→"曲线生成"→"相关线"，在立即菜单中选择"曲面边界线"、"单根"，拾取上表面曲面，即绘制出一边界线，将两垂直线以外的曲线剪去，如图5.29所示。

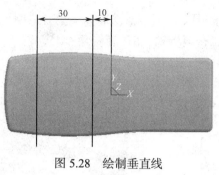

图 5.28 绘制垂直线

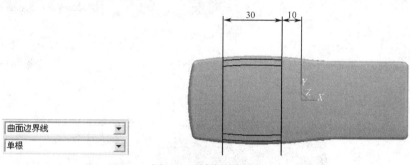

图 5.29 绘制边界线

（3）绘制等距线。单击"等距线"按钮，或选择菜单"造型"→"曲线生成"→"等距线"，在立即菜单中选择"单根曲线"、"等距"，输入距离：3，拾取两侧曲线，确定方向（向内），即绘制出两侧等距线，如图 5.30 所示。

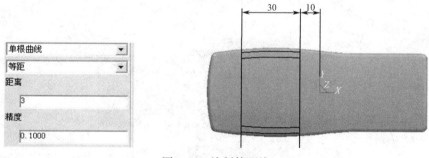

图 5.30 绘制等距线

（4）圆弧过渡。应用"过渡"命令以 $R2$ 为半径将两垂直线与两侧内曲线圆滑过渡，删除两外侧曲线，即绘制出手提电话显示屏窗孔，如图 5.31 所示。

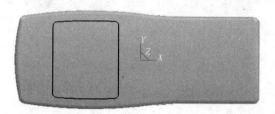

图 5.31 手提电话显示屏窗孔

（5）绘制椭圆。单击"椭圆"按钮⊙，或选择菜单"造型"→"曲线生成"→"椭圆"，在立即菜单中输入长半轴：2，短半轴：5，旋转角：45，输入椭圆中心坐标值（0,10），即在所定位置绘制一椭圆，如图5.32所示。

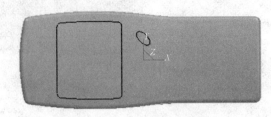

图5.32 绘制椭圆

（6）平面镜像。应用"平面镜像"命令，以图形中心为镜像轴，将椭圆向反方向复制，如图5.33所示。

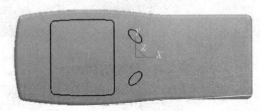

图5.33 平面镜像

（7）绘制圆。应用"圆"命令，以坐标原点为圆心，$R5$为半径绘制一圆形，如图5.34所示。

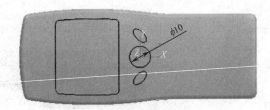

图5.34 绘制圆

（8）绘制矩形。应用"矩形"命令，以图示尺寸绘制出一矩形，如图5.35所示。

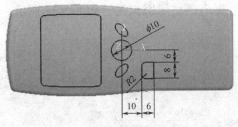

图5.35 绘制矩形

（9）阵列。单击"阵列"按钮，或选择菜单"造型"→"几何变换"→"阵列"，在立即菜单中选择"矩形"、输入行数：3；行距：10；列数：4；列距：8，拾取矩形，单击鼠标右键确认，即阵列出 12 个大小相等的矩形，如图 5.36 所示。

 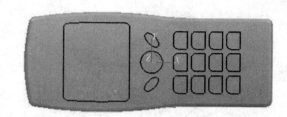

图 5.36 阵列

（10）曲面裁剪。单击"曲面裁剪"按钮，或选择菜单"造型"→"曲面编辑"→"曲面裁剪"，在立即菜单中选择"投影线裁剪"、"裁剪"、拾取被裁剪曲面（需保留部分），再拾取剪刀线（显示屏和按键图形），确定方向，即完成表面曲线裁剪。至此完成整个手提电话外壳曲面造型，如图 5.37 所示。

图 5.37 曲面裁剪

5.2.2 知识链接

1. 扫描面

（1）应用场合：按照给定的起始位置和扫描距离将曲线沿指定方向以一定的锥度扫描生成曲面。

（2）有关参数：

① 起始距离：是指生成曲面的起始位置与曲线平面沿扫描方向上的间距。

② 扫描距离：是指生成曲面的起始位置与终止位置沿扫描方向上的间距。

③ 扫描角度：是指生成的曲面母线与扫描方向的夹角。

图 5.38 所示为扫描初始距离不为零的情况。

> 提示：扫描方向不同的选择可以产生不同的效果。

2. 导动面

（1）应用场合：让特征截面线沿着特征轨迹线的某一方向扫动生成曲面。

（2）导动面形式：平行导动、固接导动、导动线和平面、导动线和边界线、双导动线和管道曲面。

① 平行导动：平行导动是指截面线沿导动线趋势始终平行它自身地移动而扫动生成曲面，截面线在运动过程中没有任何旋转，如图5.39所示。

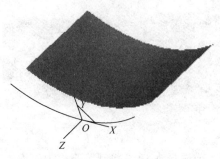

图5.38 扫描初始距离不为零的情况

图5.39 平行导动

② 固接导动：固接导动是指在导动过程中，截面线和导动线保持固接关系，即让截面线平面与导动线的切矢方向保持相对角度不变，而且截面线在自身相对坐标架中的位置关系保持不变，截面线沿导动线变化的趋势导动生成曲面。固接导动有单截面线和双截面线两种，如图5.40所示。

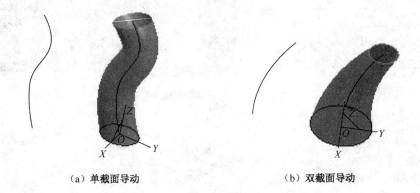

（a）单截面导动　　　　　　　　　　（b）双截面导动

图5.40 固接导动

③ 导动线和平面：截面线按以下规则沿一条平面或空间导动线（脊线）扫动生成曲面，如图5.41所示。

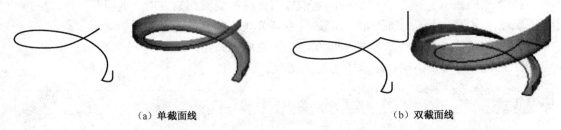

（a）单截面线　　　　　　　　　　（b）双截面线

图5.41 导动线和平面

④ 导动线和边界线：截面线按以下规则沿一条导动线扫动生成曲面，如图5.42所示。

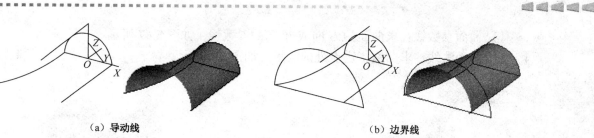

(a)导动线　　　　　　　　　　　　(b)边界线

图 5.42　导动线和边界线

⑤ 双导动线：将一条或两条截面线沿着两条导动线匀速地扫动生成曲面，如图 5.43 所示。

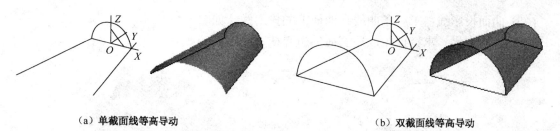

(a)单截面线等高导动　　　　　　　(b)双截面线等高导动

图 5.43　双导动线

⑥ 管道曲面：给定起始半径和终止半径的圆形截面沿指定的中心线扫动生成曲面，如图 5.44 所示。

提示：截面和导动线不能在同一个坐标平面内。

3. 相关线

应用场合：绘制曲面或实体的交线、边界线、参数线、法线、投影线和实体边界。

① 曲面交线：求两曲面的交线，如图 5.45 所示。

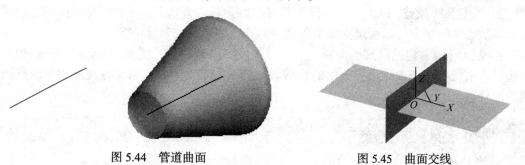

图 5.44　管道曲面　　　　　　　　图 5.45　曲面交线

② 曲面边界线：求曲面的外边界线或内边界线，如图 5.46 所示。

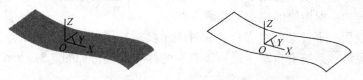

图 5.46　曲面边界线

③ 曲面参数线：求曲面的 U 向或 W 向的参数线，如图 5.47 所示。
④ 曲面法线：求曲面指定点处的法线，如图 5.48 所示。

图 5.47　曲面参数线

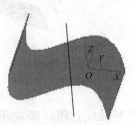

图 5.48　曲面法线

⑤ 曲面投影线：求一条曲线在曲面上的投影线，如图 5.49 所示。
⑥ 实体边界：求特征生成后实体的边界线，如图 5.50 所示。

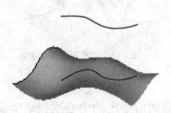

图 5.49　曲面投影线

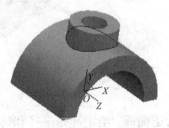

图 5.50　实体边界

4. 曲面裁剪

（1）应用场合：曲面裁剪对生成的曲面进行修剪，去掉不需要的部分。
（2）裁剪方式：投影线裁剪、等参数线裁剪、线裁剪、面裁剪和裁剪恢复。
① 线裁剪：曲面上的曲线沿曲面法矢方向投影到曲面上，形成剪刀线来裁剪曲面。
② 面裁剪：剪刀曲面和被裁剪曲面求交，用求得的交线作为剪刀线来裁剪曲面。
③ 等参数线裁剪：以曲面上给定的等参数线为剪刀线来裁剪曲面，有裁剪和分裂两种方式。参数线的给定可以通过立即菜单选择过点或者指定参数来确定。
④ 裁剪恢复：将拾取到的曲面裁剪部分恢复到没有裁剪的状态。如拾取的裁剪边界是内边界，系统将取消对该边界施加的裁剪。如拾取的是外边界，系统将把外边界恢复到原始边界状态。

> 提示：裁剪时保留拾取点所在的那部分曲面。

5. 曲线组合

（1）应用场合：曲线组合用于把拾取到的多条相连曲线组合成一条样条曲线。
（2）组合方式：保留原曲线和删除原曲线。

把多条曲线用一个样条曲线表示。这种表示要求首尾相连的曲线是光滑的。如果首尾相连的曲线有尖点，系统会自动生成一条光顺的样条曲线，如图 5.51 所示。

图 5.51　曲线组合

5.3　风筒曲面造型

风筒是常见的日常生活用品，主体由上、下不同的网格曲面组成，把手为放样曲面生成。开关为实体面提取。本任务将应用网格面、放样面、实体面提取、曲面倒角等曲面造型方法实现风筒曲面造型，如图 5.52 所示。

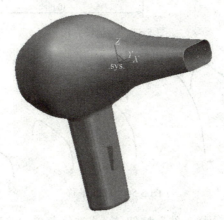

图 5.52　风筒曲面造型

从图 5.52 可以看出，风筒的主体曲面可应用网格面方法完成，然后用放样面完成把手的曲面，再使用平面完成把手底面，用曲面过渡方法将把手与主体、底面与把手圆滑连接。再生成实体的开关位置，使用实体曲面将开关的曲面提取出。

5.3.1　风筒曲面造型操作步骤

1. 创建周边曲面

（1）绘制长方形。首先按 F6 键，将绘图平面切换到 YZ 平面，单击"矩形"按钮□，或选择菜单"造型"→"曲线生成"→"矩形"，以坐标原点为中心，按图示尺寸绘制 4 个长方形，保留上面部分，并分别用 $R8$、$R13$、$R23$、$R38$ 对保留的部分进行圆弧过渡，如图 5.53 所示。

（2）单击"组合曲线"按钮，或选择菜单"造型"→"曲线编辑"→"组合曲线"，将所有线条组合成整体的线条。

（3）曲线平移。按 F8 键，将图形轴测显示，单击"平移"按钮，或选择菜单"造型"→"几何变换"→"平移"，在立即菜单中选择"移动量"、"移动"，输入 DY=80。拾取元素：40×10 的长方形，输入 DY=40。拾取元素：50×15 的长方形，输入 DY=-40。拾取元素：100×40 的长方形，选择"移动复制"，输入 DY=-80。拾取元素：70×25 的长方形，如图 5.54 所示。

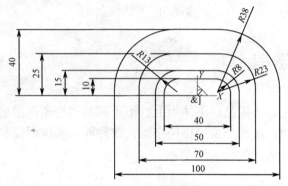

图 5.53　绘制长方形

图 5.54　曲线平移

（4）绘制样条线。单击"样条线"按钮，或选择菜单"造型"→"曲线生成"→"样条线"，按顺序选择线条的端点完成两边的样条线，如图 5.55 所示。

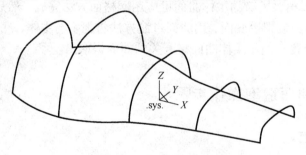

图 5.55　绘制样条线

（5）创建网格面。单击"网格面"按钮，或选择菜单"造型"→"曲面生成"→"网格面"，在立即菜单中选择拾取 U 向截面线：按顺序选择 X 方向线段，如图 5.56（a）所示，单击鼠标右键确认，拾取 V 向截面线：按顺序选择 Y 方向线段，如图 5.56（b）所示，单击鼠标右键确认，即生成网格面，如图 5.56 所示。

（6）镜像网格面。单击"镜像"按钮，或选择菜单"造型"→"几何变换"→"镜像"，选择 40×10 的长方形线条的两端点为镜像平面的第一、第二点，再选择中心点为镜像平面第三点，最后选择网格面为镜像曲面，完成曲面镜像，如图 5.57 所示。

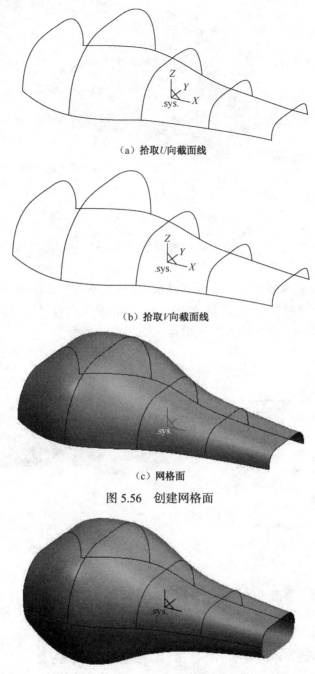

(a) 拾取U向截面线

(b) 拾取V向截面线

(c) 网格面

图 5.56 创建网格面

图 5.57 曲面镜像

2. 创建把手曲面

（1）绘制长方形。首先按 F5 键，将绘图平面切换到 XY 平面，单击"矩形"按钮□，或选择菜单"造型"→"曲线生成"→"矩形"，以坐标原点为中心，按图示尺寸绘制两个长方形，并分别用 $R6$ 和 $R10$ 进行圆弧过渡，如图 5.58 所示。

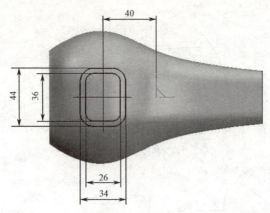

图 5.58 绘制长方形

（2）单击"组合曲线"按钮，或选择菜单"造型"→"曲线编辑"→"组合曲线"，将所有线条组合成整体的线条。

（3）曲线平移。按 F8 键，将图形轴测显示，单击"平移"按钮，或选择菜单"造型"→"几何变换"→"平移"，在立即菜单中选择"移动量"、"移动"，输入 DZ=-120。拾取元素：26×36 的长方形，单击鼠标右键确认，如图 5.59 所示。

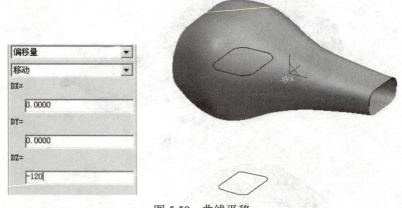

图 5.59 曲线平移

（4）创建放样面。单击"放样面"按钮，或选择菜单"造型"→"曲面生成"→"放样面"，在立即菜单中选择"截面曲线"、"不封闭"，分别拾取上、下对应两曲线，单击右键确认，即生成各放样面，如图 5.60 所示。

（5）创建手把底面。单击"平面"按钮，或选择菜单"造型"→"曲面生成"→"平面"。选择 26×36 的长方形，单击任意选一方向，完成平面创建，如图 5.61 所示。

（6）曲面过渡。单击"曲面过渡"按钮，或选择菜单"造型"→"曲面编辑"→"曲面过渡"，在立即菜单中选择"两面过渡"、"等半径"，输入半径：4，按顺序分别拾取底平面和周边曲面（需保留部分），即可将两曲面圆滑过渡，如图 5.62 所示。

3. 创建开关曲面

（1）草图绘制。按 F7 键，然后选择 XZ 平面进入草图，单击"直线"按钮，或选择菜单"造型"→"曲线生成"→"直线",按图示尺寸绘制图形,如图 5.63 所示。

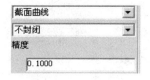

图 5.60 创建放样面

图 5.61 创建手把底平面

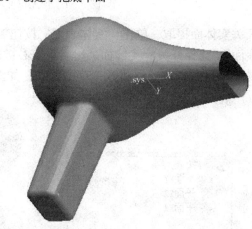

图 5.62 曲面过渡

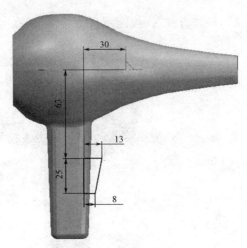

图 5.63 绘制开关草图

（2）单击"拉伸增料"按钮，或选择菜单"造型"→"特征生成"→"增料"→"拉伸"，弹出"拉伸增料"对话框，在对话框中选择拉伸类型为双向拉伸，深度为"10"，如图 5.64 所示。

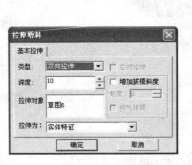

图 5.64 开关拉伸增料

（3）开关实体面提取。单击"实体表面"按钮，或选择菜单"造型"→"曲面生成"→"实体表面"。选择开关的实体面，然后单击右键确定，完成实体曲面的提取，最后将零件特征栏的拉伸增料特征操作和开关草图删除，如图 5.65 所示。

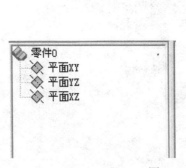
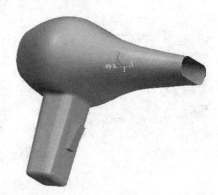

图 5.65 实体面提取

5.3.2 知识链接

1. 放样面

（1）应用场合：以一组互不相交、方向相同、形状相似的特征线（或截面线）为骨架进行形状控制，过这些曲线蒙面生成的曲面称为放样曲面。

（2）放样面形式：有截面曲线和曲面边界两种类型。

① 截面曲线：通过一组空间曲线作为截面来生成封闭或者不封闭的曲面，如图 5.66 所示。

② 曲面边界：以曲面的边界线和截面曲线与曲面相切来生成曲面，如图 5.67 所示。

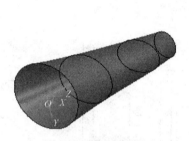 

图 5.66　截面曲线　　　　　　　　图 5.67　曲面边界

> 提示：（1）拾取的一组特征曲线互不相交，方向一致，形状相似，否则生成结果将发生扭曲。（2）截面线须保证其光滑性。（3）用户须按截面线摆放的方位顺序拾取曲线。（4）用户拾取曲线时须保证截面线方向的一致性。

2. 曲面缝合

（1）应用场合：将两张曲面光滑连接为一张曲面。

（2）缝合方式：通过曲面 1 的切矢进行光滑过渡连接；通过两曲面的平均切矢进行光滑过渡连接。

① 曲面切矢 1：在第一张曲面的连接边界处按曲面 1 的切矢方向和第二张曲面进行连接，这样，最后生成的曲面仍保持有曲面 1 形状的部分，如图 5.68 所示。

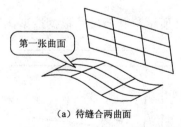 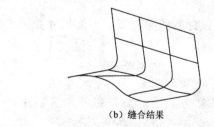

(a) 待缝合两曲面　　　　　　　　(b) 缝合结果

图 5.68　曲面切矢 1 方式

② 平均切矢：在第一张曲面的连接边界处按两曲面的平均切矢方向进行光滑连接。最后生成的曲面在曲面 1 和曲面 2 处都改变了形状，如图 5.69 所示。

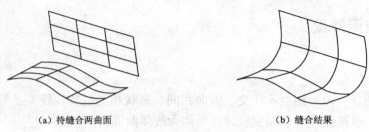

(a) 待缝合两曲面　　　　　　　　(b) 缝合结果

图 5.69　平均切矢方式

实 战 练 习

1. 完成花瓶的曲面造型，如图 5.70 所示。

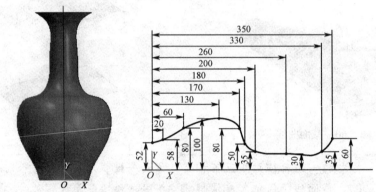

图 5.70　花瓶曲面外形图

2. 完成空调机遥控器曲面造型，外形尺寸如图 5.71 所示，其余尺寸根据造型比例自定。

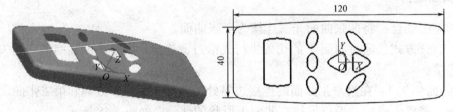

图 5.71　空调机遥控器外形图

3. 完成鼠标的曲面造型。平面尺寸如图 5.72 所示，其余尺寸根据造型比例自定。

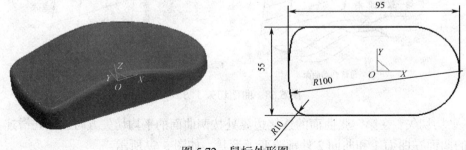

图 5.72　鼠标外形图

第 6 章 零件加工

CAXA 制造工程师 2011 软件除了具有强大的 CAD 功能外,还具备了完善的 CAM(计算机辅助制造)功能。主要具备三维造型、参数管理、刀位点计算、图形仿真加工、刀轨的编辑和修改、后处理,以及工艺文档生成等功能。

应用 CAXA 制造工程师 2011 软件进行零件数控加工的基本步骤如下:
① 分析图纸,根据图纸绘制出加工造型,如曲线、曲面或实体。
② 生成加工零件毛坯。
③ 根据加工条件,选择合适的加工参数,选择加工方式,生成刀具轨迹。
④ 刀具轨迹仿真验证。
⑤ 生成数控加工程序代码。
⑥ 传输给机床进行加工。

6.1 凹凸模加工实例

凹凸模是机械工业中常用的零件,本任务实现了如何生成凹凸模的加工轨迹,凹凸模零件图如图 6.1 所示。

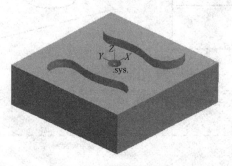

图 6.1 凹凸模零件图

从图 6.1 可以看出,凹凸模的轮廓主要由二维轮廓组成。在 CAXA 制造工程师 2011 中,二维的轮廓加工可以不需要建造出实体,在空间平面中将轮廓线框绘制出来,就可作为加工造型使用。

加工方法介绍:根据零件的形状,合理地使用了平面区域粗加工、区域式粗加工、轮廓线精加工、钻孔等加工方法。

刀具使用情况:平面区域粗加工、区域式粗加工、轮廓线精加工使用φ20mm 的平铣刀、钻孔使用φ16mm 的钻头。

> 提示：加工造型分为线框造型、曲面造型、实体造型。在数控加工中，只要造型满足生成加工要求就可以对零件生成完整加工轨迹。

6.1.1 凹凸模数控加工编程步骤

1. 绘制凹凸模加工轮廓

按 F5 键，在 XY 空间平面内将凹凸模的二维轮廓绘制出，按尺寸画出凹、凸模轮廓，如图 6.2 所示。

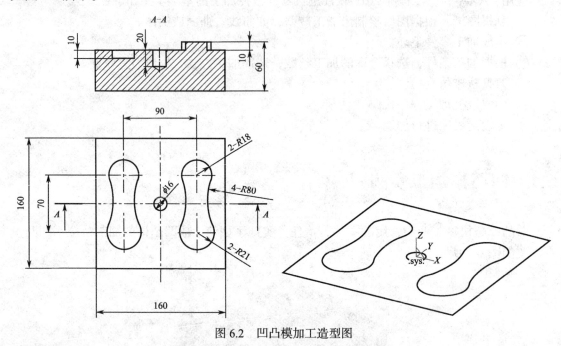

图 6.2 凹凸模加工造型图

> 提示：CAXA 制造工程师 2011 的线框造型只能在空间平面绘制才有效，在草图中绘制无效。

2. 定义毛坯

选择特征树栏中的"加工管理"，双击"毛坯"或选择菜单"加工"→"定义毛坯"，弹出"定义毛坯—世界坐标系（.sys.）"对话框，如图 6.3 所示。

> 提示：在所有的加工刀路生成前，都必须完成毛坯的设置，否则无法完成刀路轨迹的生成。

第 6 章 零件加工

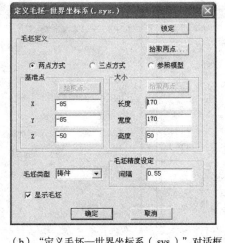
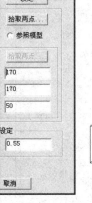
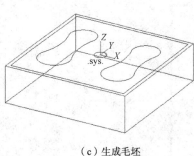

（a）毛坯定义位置　　　　（b）"定义毛坯—世界坐标系（.sys.）"对话框　　　　（c）生成毛坯

图 6.3　定义毛坯

3. 顶面加工

（1）平面区域粗加工：单击"加工工具条"上的"平面区域粗加工"按钮 ▦，或选择菜单"加工"→"粗加工"→"平面区域粗加工"，弹出加工参数设置对话框。

（2）确定好加工参数，完成加工参数表的填写，如图 6.4 所示。

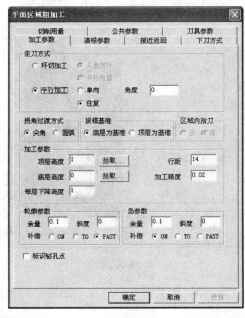
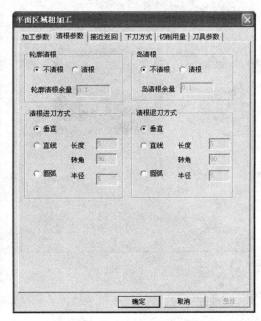

（a）加工参数　　　　　　　　　　　　　　（b）清根参数

图 6.4　平面区域粗加工参数表

（c）接近返回　　　　　　　　　　（d）下刀方式

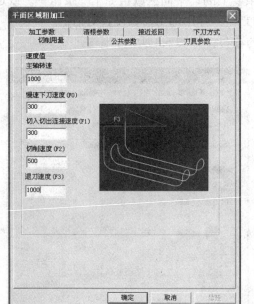

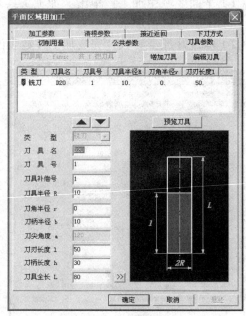

（e）切削用量　　　　　　　　　　（f）刀具参数

图6.4　平面区域粗加工参数表（续）

（3）选择加工范围，确定加工方向，单击鼠标右键确定，生成加工轨迹，如图6.5所示。

> 提示：为了方便下面操作，可将已生成的刀路轨迹隐藏。单击加工管理栏，选择要隐藏的刀路，单击鼠标右键再单击隐藏。如需显示，用同样的方法单击显示，如图6.6所示。

第 6 章 零件加工

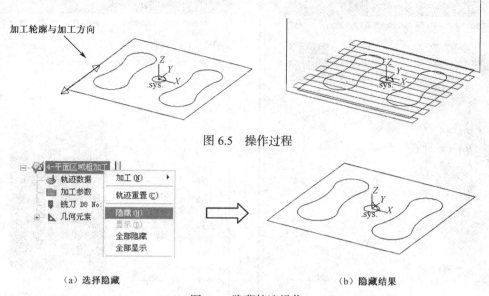

图 6.5 操作过程

图 6.6 隐藏轨迹操作
（a）选择隐藏　　（b）隐藏结果

4．凹凸模外形加工

（1）平面轮廓线精加工：单击"加工工具条"上的"轮廓线精加工"按钮，或选择菜单"加工"→"精加工"→"平面轮廓精加工"，弹出加工参数设置对话框。

（2）确定好加工参数，完成加工参数表的填写，如图 6.7 所示。

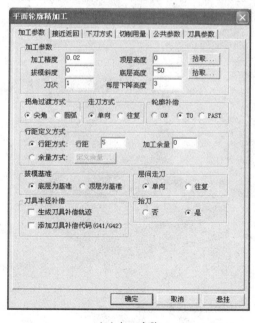

（a）加工参数　　（b）接近返回

图 6.7 平面轮廓精加工参数表

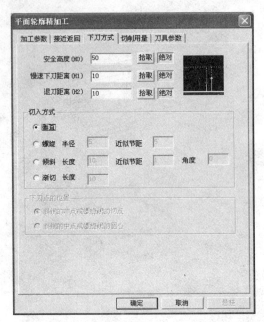
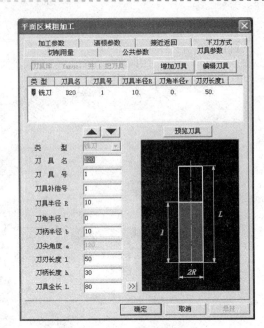

（c）下刀方式　　　　　　　　　　　（d）刀具参数

图 6.7　平面轮廓精加工参数表（续）

（3）拾取加工范围，确定加工方向。当选择完轮廓与方向后，系统会提示选择进、退刀点，如果没有特定的位置，可单击鼠标右键使用系统默认计算的进退位置点，如需指定时可通过键盘直接输入坐标点位置。当确定选择正确后，单击鼠标右键确定，生成加工轨迹，如图 6.8 所示。

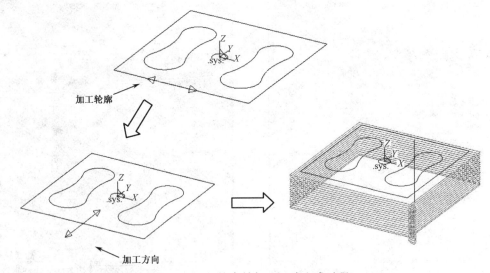

图 6.8　平面轮廓精加工刀路生成过程

5. 凸台加工

（1）按 F5 键，在 XY 空间平面绘制出 190×190 的矩形加工区域，如图 6.9 所示。

第 6 章 零件加工

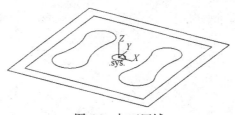

图 6.9 加工区域

（2）区域式粗加工：单击"区域式粗加工"按钮 ，或选择菜单"加工"→"粗加工"→"区域式粗加工"，弹出加工参数设置对话框。

（3）确定好加工参数，完成加工参数表的填写，如图 6.10 所示。

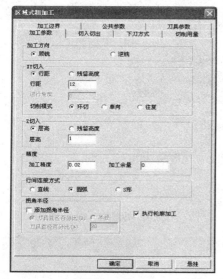

（a）加工参数

（b）切入切出

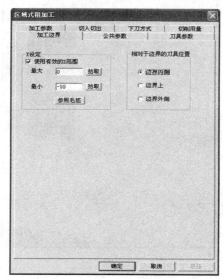

（c）加工边界

（d）刀具参数

图 6.10 区域式粗加工参数表

（4）拾取 190×190 的矩形为加工轮廓，单击鼠标右键确定，系统会提示拾取加工岛屿，再选择 8 字形的凸台为加工岛屿，单击鼠标右键确定，然后再单击鼠标右键确定，生成加工轨迹，如图 6.11 所示。

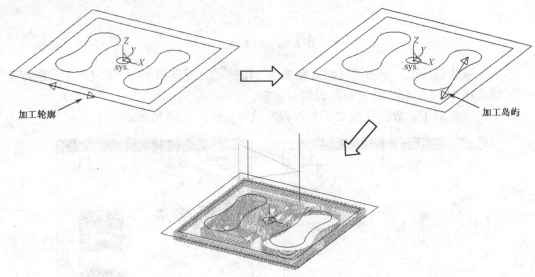

图 6.11　区域式粗加工刀路生成过程

6. 凹台加工

（1）确定好加工参数，完成加工参数表的填写，如图 6.12 所示。

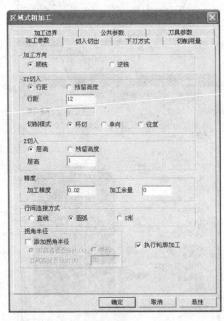

（a）加工参数　　　　　　　　（b）切入切出

图 6.12　区域式粗加工参数表

第 6 章 零件加工

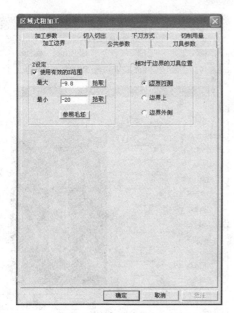 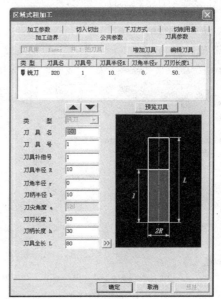

（c）加工边界　　　　　　　　　　　（d）刀具参数

图 6.12　区域式粗加工参数表（续）

（2）拾取加工轮廓确定方向后生成加工轨迹，如图 6.13 所示。

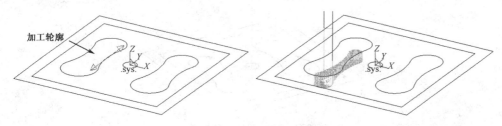

图 6.13　区域式粗加工刀路生成过程

7. 孔加工

（1）孔加工：单击"加工工具条"上的"孔加工"按钮，或选择菜单"加工"→"其他加工"→"孔加工"，弹出加工参数设置对话框。

（2）确定好加工参数，完成参数表的填写，如图 6.14 所示。

（3）选择造型图上的孔的中心点作为定位点，确定正确后，单击鼠标右键确定，生成加工轨迹，如图 6.15 所示。

8. 仿真加工

（1）轨迹仿真就是在三维真实感显示状态下，模拟刀具运动，切削毛坯，去除材料的过程。用模拟实际切削过程和结果来判断生成的刀具轨迹的正确性。

（2）选择菜单"加工"→"轨迹仿真"命令，或者在加工管理窗口拾取加工轨迹，单击鼠标右键，选择"轨迹仿真"命令，系统将提示选择需要进行加工仿真的刀具轨迹。拾取结束后，单击鼠标右键确定，系统即进入轨迹仿真环境，如图 6.16 所示。

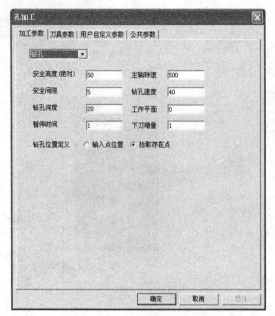
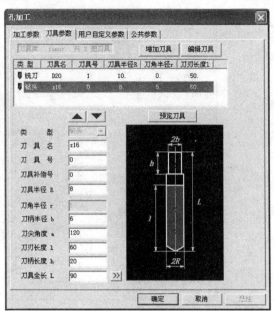

（a）加工参数　　　　　　　　　　　　（b）刀具参数

图 6.14　孔加工参数表

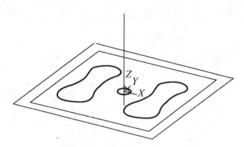

图 6.15　孔加工轨迹

（a）仿真刀路选择

图 6.16　进入仿真界面过程

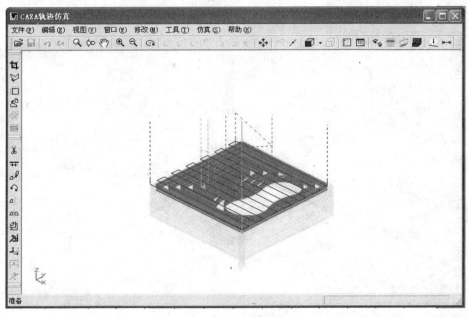

（b）仿真界面

图 6.16　进入仿真界面过程（续）

（3）在仿真界面中用鼠标单击"仿真"按钮，弹出"仿真加工"对话框，如图 6.17 所示。

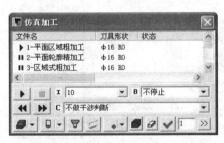

图 6.17　"仿真加工"对话框

（4）用鼠标单击按钮　　，开始仿真直至结束，如图 6.18 所示。

9. 生成 G 代码

（1）生成 G 代码就是按照当前机床类型的配置要求，把已经生成的刀具轨迹转化生成 G 代码数据文件，即 CNC 数控程序。

（2）执行"加工菜单"→"后置处理"→"生成 G 代码"命令或者在"加工管理窗口"里选择要生成 G 代码的程序，单击鼠标右键选择"生成 G 代码"，系统弹出"选择后置处理文件"对话框，在对话框中选择后置文件的放置目录，输入文件名，单击"保存"按钮，如图 6.19 所示。

（3）拾取轨迹后单击鼠标右键确定，系统弹出所生成的 G 代码程序文件，如图 6.20 所示。

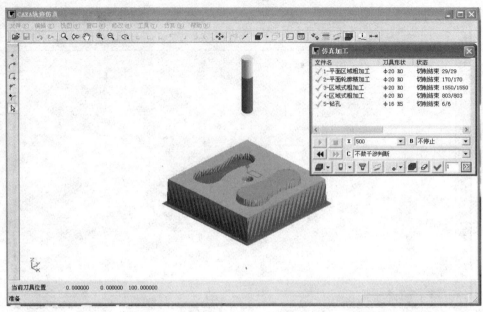

图 6.18 仿真效果

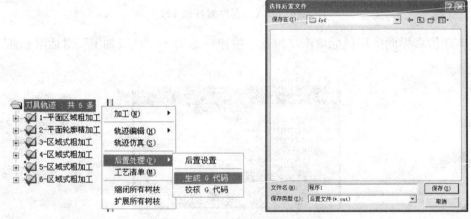

图 6.19 "选择后置文件"对话框

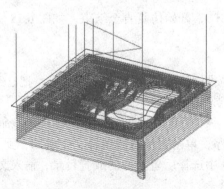

(a)刀路选择

图 6.20 生成 G 代码

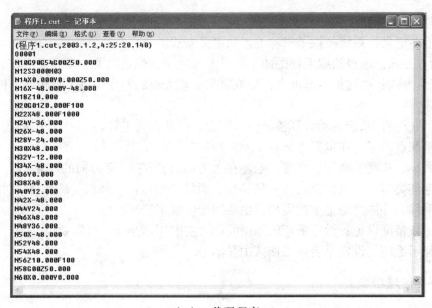

(b)G 代码程序

图 6.20　生成 G 代码（续）

6.1.2　知识链接

1. 毛坯定义

（1）适用场合：需要生成加工刀具路径时，必须要先定义毛坯。

（2）操作步骤：用鼠标双击"加工管理"窗口的 按钮，或选择"加工菜单"→"定义毛坯"，弹出"定义毛坯—世界坐标系（.sys.）"对话框，如图 6.21 所示。

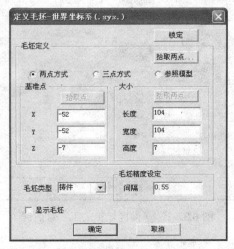

图 6.21　"定义毛坯—世界坐标系（.sys.）"对话框

（3）锁定：使用户不能设定毛坯的基准点、大小、毛坯类型等，为了防止设定好的毛坯数据被改变。

（4）毛坯定义：系统提供了三种毛坯的定义方式。

① 两点方式：通过拾取毛坯的两个角点（与顺序、位置无关）来定义毛坯。

② 三点方式：通过拾取基准点，拾取定义毛坯大小的两个角点（与顺序、位置无关）来定义毛坯。

③ 参照模型：系统自动计算模型的包围盒，以此作为毛坯。

（5）基准点：毛坯在世界坐标系（.sys.）中的左下角。

（6）大小、长度、宽度、高度：毛坯在 X 方向，Y 方向，Z 方向的尺寸。

（7）毛坯类型：系统提供铸件、精铸件、锻件、精锻件、棒料、冷作件、冲压件、标准件、外购件、外协件等毛坯的类型，主要用于生成工艺清单。

（8）毛坯精度设定：设定毛坯的网格间距，主要用途是仿真时需要。

（9）显示毛坯：设定是否在工作区中显示毛坯。

2．平面区域粗加工

（1）适用场合：用于生成区域中间有多个岛或平面的加工轨迹。

（2）操作步骤：选择菜单"加工"→"粗加工"→"平面区域粗加工"，弹出"平面区域粗加工"对话框，如图 6.22 所示。

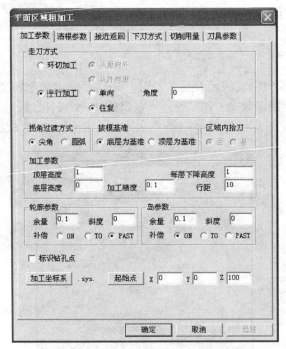

图 6.22　"平面区域粗加工"对话框

（3）加工参数。

① 走刀方式：类型包括"环切加工"、"平行加工"，如图 6.23 所示。

- 环切加工：刀具根据外形轮廓以环绕的走刀方式生成刀具轨迹。环绕还分从里向外或从外向里环绕，如图 6.23（a）所示。
- 平行加工：刀具以平行的走刀方式生成刀具轨迹。还分为单向平行走刀和往复平行走刀，角度为控制刀行走时与 X 轴的夹角，如图 6.23（b）、（c）所示。

（a）环切加工　　　　　（b）单向平行加工　　　　（c）往复平行+角度45°加工

图 6.23　走刀方式示意图

② 拐角过渡方式。
- 尖角：以直线的方式过渡，如图 6.24（a）所示。
- 圆弧：以圆弧的方式过渡，如图 6.24（b）所示。

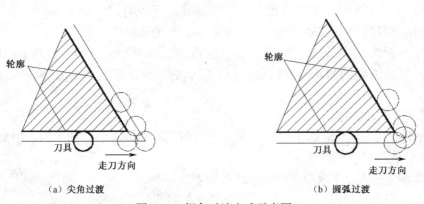

（a）尖角过渡　　　　　　　　　　　（b）圆弧过渡

图 6.24　拐角过渡方式示意图

③ 拔模基准：当加工的工件带有拔模斜度时，顶层与底层的轮廓大小不一样，故此需要确定选择的轮廓是工件顶层还是底层轮廓。
- 底层轮廓：加工时选择的轮廓是底层轮廓。
- 顶层轮廓：加工时选择的轮廓是顶层轮廓。

④ 加工参数。
- 顶层高度：加工零件的最大高度。
- 底层高度：加工零件的最底高度。
- 加工精度：生成的刀具轨迹允许产生的最大偏差。
- 每层加降高度：每加工完一层，向下一层降的高度。
- 行距：刀具轨迹之间的距离。

⑤ 轮廓参数。
- 余量：相对于模型表面的残留高度。

- 斜度：外轮廓具有的倾斜度，与拔模基准配合使用。
- 补偿：刀具中心相对于轮廓的位置，如图 6.25 所示。
  ✧ ON 刀具中心与轮廓重合，即不考虑补偿。
  ✧ TO 刀具中心不到轮廓，相差一个刀具的半径。
  ✧ PAST 刀具中心超过轮廓，相差一个刀具的半径。

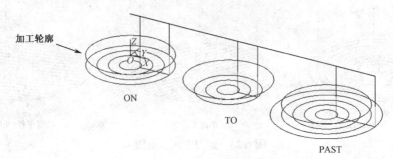

图 6.25 补偿位置示意图

⑥ 岛参数。
- 余量：相对于岛表面的残留高度。
- 斜度：内轮廓具有的倾斜度，与拔模基准配合使用。
- 补偿：刀具中心相对于轮廓的位置偏差（与轮廓补偿意义一样）。

⑦ 加工坐标系：生成轨迹所在的局部坐标系，单击 加工坐标系 按钮可以从工作区中拾取。

⑧ 起始点：刀具的初始位置和轨迹加工完后的结束位置点，单击 起始点 按钮可以从工作区中拾取。

（4）清根参数。

清根是指刀具走完当前加工层后，再沿着当前层轮廓或岛屿切削一遍。以清理零件表面上的残留余量。对话框如图 6.26 所示。

① 轮廓清根：相对于模型表面是否进行沿着轮廓切削一遍，选择"不清根"就不进行，选择"清根"就进行，轮廓清根余量是指清根加工时所加工的残留高度。

② 岛清根：与轮廓清根含义相同，它的对象为岛屿。

③ 清根进刀与退刀方式：指清根时刀具以何种方式切入或切出清根时的残留高度。方式包括垂直、直线、圆弧。
- 垂直：刀具直接从上一个切削层沿着 Z 轴切入或切出要加工的深度层。
- 直线：刀具沿直线方向向工件的第一个切削点前进或退出，长度指进刀或退出的直线长度，角度指进刀或退出直线与轨迹的夹角。

（5）接近与返回。

它是指刀具在同一加工层的进、退方式，对当前层的表面质量起着关键作用的因素，如图 6.27 所示。

① 不设定：刀具直接从切削开始点开始切削或返回，如图 6.28（a）所示。

② 直线：刀具以直线方式向切削开始点方向前进或返回，如图 6.28（b）所示。
- 长度：进刀的距离。
- 角度：直线与刀具轨迹切向的夹角。

③ 圆弧：刀具以圆弧方式向切削开始点方向前进或返回，如图 6.28（c）所示。
- 半径：进刀圆弧的半径。
- 转角：圆弧的夹角。
- 延长量：指以圆弧的开始点与结束点再以直线延长刀具的进刀位置的直线长度。

④ 强制：刀具从所给的坐标点向开始点前进或返回，如图 6.28（d）所示。

注：接近与返回可根据个人的需要相互搭配使用。

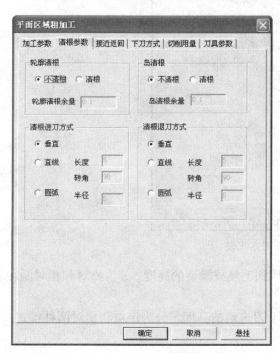

图 6.26 清根参数表　　　　　　　　图 6.27 接近返回表

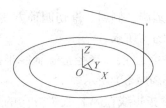

（a）不设定接近与返回

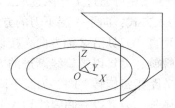

（b）直线接近与返回

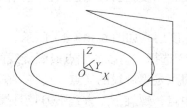

（c）圆弧接近与返回

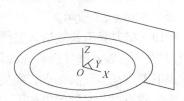

（d）强制接近与返回 X50、Y0、Z0

图 6.28 接近返回方式示意图

（6）下刀方式。指刀具在不同加工深度层的连接方法，如图6.29所示。

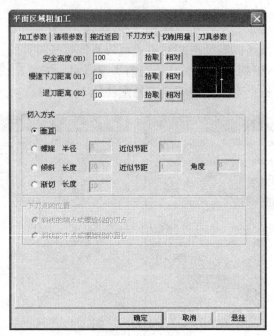

图6.29　下刀方式表

① 安全高度：指刀具快速移动时不会干涉到毛坯或模型的高度。分为绝对和相对两种模式，单击 拾取 按钮可通过工作区选取。

② 慢速下刀距离：指快速移动转向慢速下刀进给的高度。分为绝对和相对两种模式。按 拾取 可通过工作区选取。

③ 退刀距离：指加工结束后由慢速提刀转向快速提刀的高度。分为绝对和相对两种模式。单击 拾取 按钮可通过工作区选取。

④ 切入方式：向下一层下刀的方式。分为垂直、螺旋、倾斜、渐切四种方式。

- 垂直：刀具沿Z轴方向直接切入，如图6.30（a）所示。
- 螺旋：刀具以螺旋线渐进的方式切入工件下一深度层。半径指螺旋线半径，近似节距指每旋转一圈，刀具下降的高度，如图6.30（b）所示。
- 倾斜：刀具以一倾斜线切入下一深度层，长度指折线在XY投影方向的长度，近似节距指刀具每折返一次，刀具下降的高度，角度指折线与进刀段之间的夹角，如图6.30（c）所示。
- 渐切：指刀具沿斜线切入工件直接到下一深度层，如图6.30（d）所示。

⑤ 下刀点的位置：选择螺旋或倾斜时方可使用，选择"斜线的端点或螺旋线的切点"时倾斜方式下刀点是斜线的端点，螺旋下刀方式下刀点是螺旋线的切点。选择"斜线的中点或螺旋线的圆心点"时倾斜方式下刀点是斜线的中点，螺旋下刀方式下刀点是螺旋线的圆心。

（7）切削用量。切削用量是指用来定义加工过程中的转速和各种进给速度。此参数的定义需要根据当前使用的机床的各种性能、工件的材料、刀具的材料与加工零件的加工精度等级决定，如图 6.31 所示。

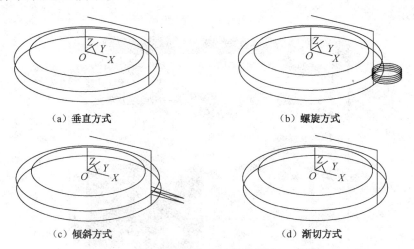

(a) 垂直方式　　　　　　　　　(b) 螺旋方式

(c) 倾斜方式　　　　　　　　　(d) 渐切方式

图 6.30　下刀方式示意图

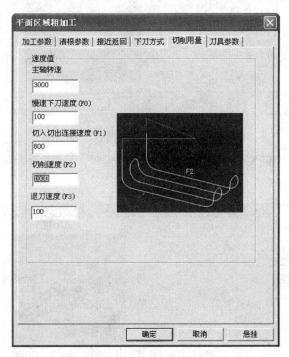

图 6.31　切削用量表

① 主轴转速：机床加工时的主轴转速，单位为 r/min。

② 慢速下刀速度：设定下刀平面开始使用的进给速度，单位为 mm/min。

③ 切入切出连接速度：刀具在两个刀具轨迹之间的连接速度，单位为 mm/min。用于往复加工的加工方式。避免在顺、逆铣的变换过程中，机床的进给方向产生急剧变化，而对机床、刀具及工件造成损坏。此速度一般应小于进给速度。

④ 切削速度：刀具在加工工件时刀具的行进速度，单位为 mm/min。

⑤ 退刀速度：刀具离开工件回到安全高度时的速度，单位为 mm/min。

（8）刀具参数。刀具参数是定义不同的加工刀具，包括钻头、球刀、圆角刀、端刀等，如图 6.32 所示。

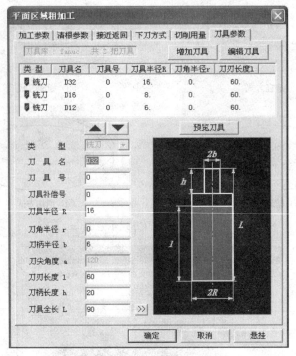

图 6.32 刀具参数表

① 增加刀具：用户向刀具库中添加刀具，单击 增加刀具 按钮会弹出刀具定义参数对话框，如图 6.33 所示。

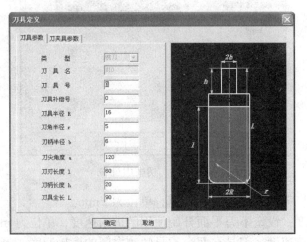

图 6.33 "刀具定义"对话框

② 编辑刀具：选中刀库中的刀具可对其进行编辑。单击 编辑刀具 按钮会弹出对选中刀具编辑的对话框，其与增加刀具的对话框相同。

类型：铣刀或钻头。

- 刀具名：刀具的编号。
- 刀具补偿号：刀具半径补偿值对应的编号。
- 刀具半径：刀刃部分最大截面圆的半径大小。
- 刀角半径：刀刃部分球形轮廓区域半径的大小，只对铣刀有效。
- 刀尖角度：只对钻头有效，钻尖的圆锥角。
- 刀刃长度：刀刃部分的长度。
- 刀柄长度：刀柄部分的长度。
- 刀具全长：刀杆与刀柄长度的总和。

3. 平面轮廓线精加工

（1）适用场合：用于生成二维线框轮廓的加工轨迹，还可以指定拔模斜度。

（2）操作步骤：选择菜单"加工"→"精加工"→"平面轮廓线精加工"，弹出"平面轮廓精加工"对话框，如图6.34所示。

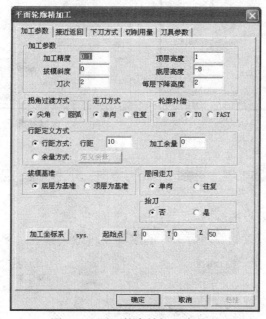

图6.34 平面轮廓精加工参数表

（3）加工参数。
- 拔模斜度：当加工的工件带有拔模斜度时，可在此设置工件的斜度。
- 顶层高度：工件开始加工的高度。
- 底层高度：加工工件的最低高度。
- 每层下降高度：刀具每一层的加工高度。

（4）余量方式：可根据每次加工后对工件留下多少余量，如图6.35所示。

4. 区域式粗加工

（1）适用场合：用于生成具有多个岛的平面轮廓区域的刀具轨迹。

（2）操作步骤：选择菜单"加工"→"粗加工"→"区域式粗加工"，弹出"区域式粗加工"对话框，如图6.36所示。

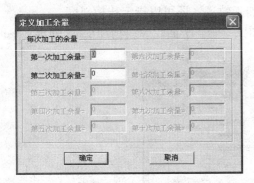
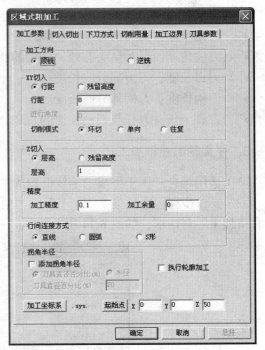

图6.35 余量定义　　　　　　　图6.36 区域式粗加工"加工参数"表

（3）加工参数。

① 加工方向：刀具加工零件轮廓时的走刀方向，分为顺铣、逆铣两种方式，如图6.37所示。

- 顺铣：切削处刀具的旋向与工件的送进方向一致。
- 逆铣：切削处刀具的旋向与工件的送进方向相反。

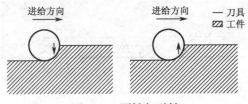

图6.37 顺铣与逆铣

② XY切入。

- 行距：XY方向的相邻扫描行的距离。
- 残留高度：由球刀铣削时，输入铣削通过时的残余量（残留高度），如图6.38所示。
- 进行角度：当选择加工单向或往复时此功能才生效，如图6.39所示。

输入扫描线切削轨迹的进行角度。

输入0°，生成与X轴平行的扫描线轨迹。

输入90°，生成与Y轴平行的扫描线轨迹。

输入值范围是 0°～360°。

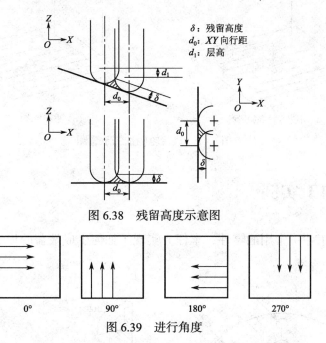

图 6.38 残留高度示意图

图 6.39 进行角度

③ 切削模式：切削模式包括环切、单向、往复三种选择。
- 环切：生成环切粗加工轨迹。
- 单向（平行）：只生成单方向的加工轨迹。快速进刀后，进行一次切削方向加工。
- 往复：即使到达加工边界也不进行快速进刀，继续往复的加工。

④ Z 切入：Z 切入量的设定有以下两种选择。
- 层高：输入 Z 方向每层的切削量。
- 残留高度：由球刀铣削时，输入铣削通过时的残余量（残留高度）。指定残留高度时，XY 切入量将动态提示。

⑤ 添加拐角半径：设定在拐角部插补圆角 R。高速切削时减速转向，防止拐角处的过切，如图 6.40 所示。

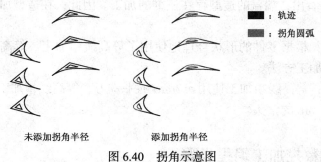

图 6.40 拐角示意图

⑥ 执行轮廓加工：当选择轨迹生成后，刀具轨迹在最后会跟着轮廓进行加工，如图 6.41 所示。

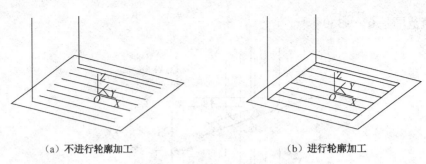

(a) 不进行轮廓加工　　　　　　　　(b) 进行轮廓加工

图 6.41　执行轮廓加工示意图

6.2　端盖加工实例

端盖是机械工业中常用的零件，本任务实现了如何生成端盖的加工轨迹，零件图如图 6.42 所示。

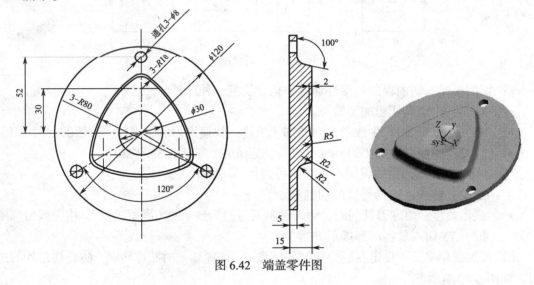

图 6.42　端盖零件图

从图 6.42 可以看出，端盖的造型存在三维的加工。因此，在造型加工时要将整个实体的造型完成。

加工方法介绍：根据零件的形状合理地使用了等高线粗加工、等高线精加工、扫描线精加工、孔加工等加工方法。

刀具使用情况：等高线粗加工使用 $\phi 12mm$ 的平铣刀、等高线精加工使用 $\phi 8mm$ 的球铣刀、孔加工使用 $\phi 8\ mm$ 的钻头。

6.2.1　端盖数控加工编程步骤

1. 生成端盖实体造型

根据零件图尺寸完成端盖的实体造型，并且在空间绘制出直径为 180 mm 的圆作加工范围使用,如图 6.43 所示。

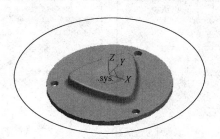

图 6.43 端盖造型图

2. 定义毛坯

选择特征树栏中的"加工管理",双击"毛坯"或选择菜单"加工"→"定义毛坯",弹出毛坯设置对话框,如图 6.44 所示。

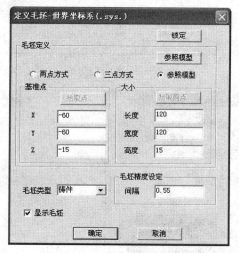
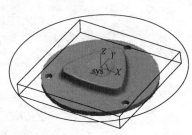

图 6.44 定义毛坯

3. 端盖等高线粗加工

(1)等高线粗加工:单击"等高线粗加工"按钮,或选择菜单"加工"→"粗加工"→"等高线粗加工",弹出加工参数设置对话框。

(2)确定好加工参数,完成加工参数表的填写,如图 6.45 所示。

(3)选择加工对象,确定加工边界,单击鼠标右键确定,生成加工轨迹,如图 6.46 所示。

4. 端盖等高线精加工

(1)完成辅助线的提取与曲面的生成,利用实体边界线,完成线段的提取,如图 6.47(a)所示。并利用提取的线段完成顶部圆形曲面的生成,如图 6.47(b)所示。

(2)等高线精加工:单击"等高线精加工"按钮,或选择菜单"加工"→"精加工"→"等高线精加工",弹出加工参数设置对话框。

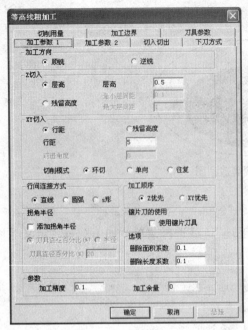
（a）加工参数1

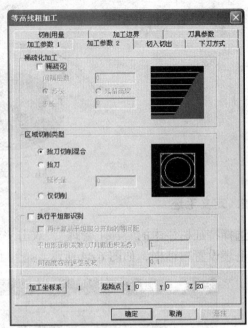
（b）加工参数2

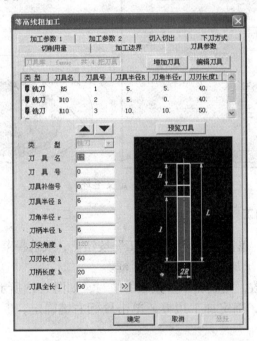
（c）刀具参数

图6.45 等高线粗加工参数表

（3）确定好加工参数，完成等高线精加工参数表的填写，如图6.48所示。

（4）直接选择加工对象（包括实体与曲面），单击鼠标右键确定，生成加工轨迹，如图6.49所示。

第 6 章 零件加工

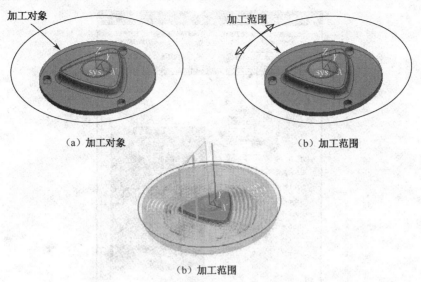

（a）加工对象　　　　　　　　　（b）加工范围

（b）加工范围

图 6.46　生成等高线粗加工轨迹

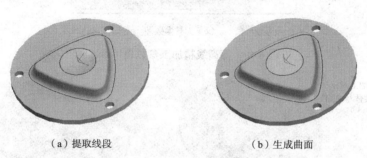

（a）提取线段　　　　　　　　　（b）生成曲面

图 6.47　边界线与曲面生成

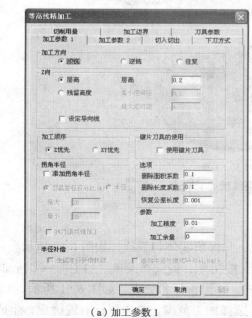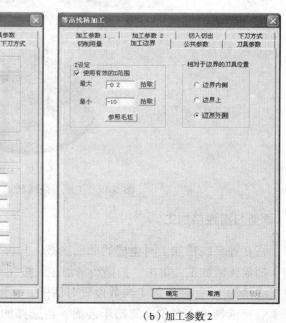

（a）加工参数 1　　　　　　　　　（b）加工参数 2

图 6.48　等高线精加工参数表

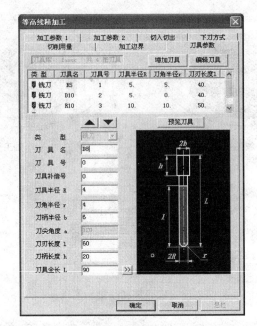

(c)刀具参数

图 6.48 等高线精加工参数表（续）

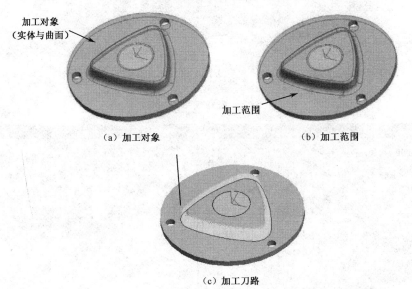

(a)加工对象　　　　　　　　(b)加工范围

(c)加工刀路

图 6.49 生成等高线精加工轨迹

5. 端盖扫描线精加工

（1）将在等高线精加工时生成的曲面隐藏，只保留实体与线段，如图 6.50 所示。

（2）扫描线精加工：单击"扫描线精加工"按钮，或选择菜单"加工"→"精加工"→"扫描线精加工"，弹出加工参数设置对话框，并设置好参数表，如图 6.51 所示。

（3）直接选择加工对象，忽略干涉面，再选择加工范围，单击鼠标右键确定，生成加工轨迹，如图 6.52 所示。

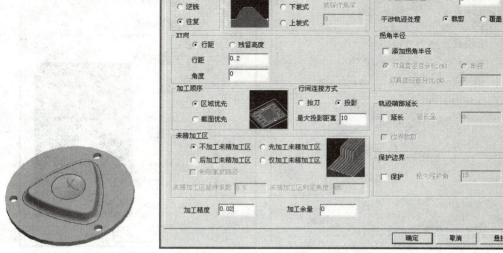

图 6.50 效果图　　　　图 6.51 扫描线精加工参数表

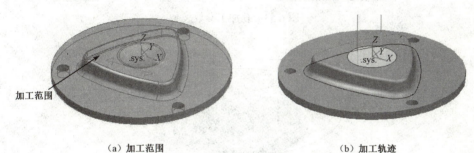

(a) 加工范围　　　　　　　　(b) 加工轨迹

图 6.52 生成扫描线精加工轨迹

6. 孔加工

（1）孔加工：单击"加工工具条"上的"孔加工"按钮，或选择菜单"加工"→"其他加工"→"孔加工"，弹出加工参数设置对话框。

（2）确定好加工参数，完成参数表的填写，如图 6.53 所示。

（3）选择造型图上的孔的中心点作为定位点，确定正确后，单击鼠标右键确定，生成加工轨迹，如图 6.54 所示。

7. 仿真加工

选择菜单"加工"→"轨迹仿真"命令，单击鼠标右键，选择"轨迹仿真"命令，进入仿真界面进行刀具轨迹的仿真，如图 6.55 所示。

8. 生成G代码

单击"加工菜单"→"后置处理"→"生成 G 代码"，如图 6.56 所示。

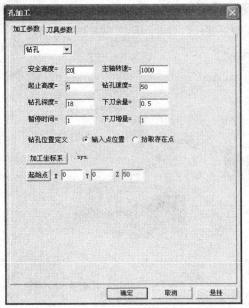 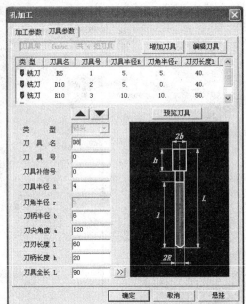

(a) 加工参数　　　　　　　　　　(b) 刀具参数

图 6.53　孔加工参数表

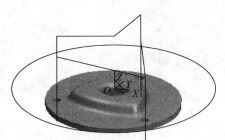

图 6.54　孔加工轨迹

图 6.55　仿真效果

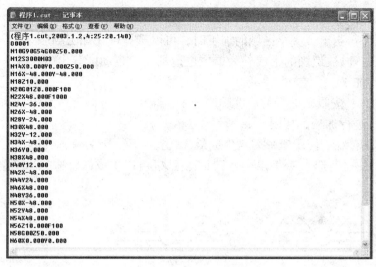

图 6.56 生成 G 代码

6.2.2 知识链接

1. 等高线粗加工

（1）适用场合：实体与曲面的整体开粗，轨迹的加工方法是一层一层地切除材料，像二维的轮廓加工一样进行切削，铣完一层，下降一个高度，再对下一层进行切削。

（2）操作步骤：选择菜单"加工"→"粗加工"→"等高线粗加工"，弹出"等高线粗加工"对话框，如图 6.57 所示。

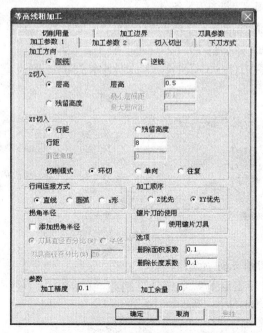

图 6.57 加工参数 1

(3)加工参数1。

① 加工顺序:当出现多个区域的加工时,可以选择优先加工顺序。

- Z切入:以被识别的山或谷为单位进行加工。自动区分出山和谷,逐个进行由高到低的加工。
- XY切入:按照Z进行的高度顺序加工,即在XY方向上由系统自动区分的山或谷按顺序进行加工,如图6.58所示。

② 镶片刀的使用:使用镶片刀具生成最优化路径时,因为考虑到镶片刀具的底部存在不能切削的部分,这时选中"使用镶片刀具"复选框可以生成最合适的加工路径,如图6.59所示。

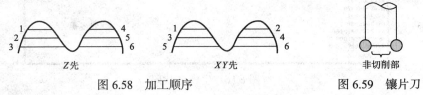

图6.58 加工顺序　　　　　　　　图6.59 镶片刀

③ 选项。

- 删除面积系数:基于输入的删除面积系数,设定是否生成微小轨迹。刀具截面积和等高线截面面积满足以下条件:

等高线截面面积<刀具截面积×删除面积系数(刀具截面积系数)

则删除该等高线截面的轨迹如图6.60(a)所示。

要删除微小轨迹时,该值比较大;要生成微小轨迹时,则设定小一点的值。通常情况下使用初始值即可。

- 删除长度系数:基于输入的删除长度系数,设定是否生成微小轨迹。刀具截面积和等高截面线长度满足以下条件:

等高截面线面积<刀具直径×删除长度系数(刀具直径系数)

则删除该等高线截面的轨迹如图6.60(b)所示。

要删除微小轨迹时,该值比较大;要生成微小轨迹时,则设定小一点的值。通常情况下使用初始值即可。

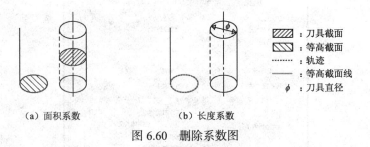

(a)面积系数　　　(b)长度系数

图6.60 删除系数图

(4)加工参数2,如图6.61所示。

① 稀疏化加工:粗加工后的残余部分,用相同的刀具从下往上生成加工路径。

- 稀疏化:选择是否使用。
- 间隔层数:从下向上,设定欲间隔的层数。

- 步长:对于粗加工后阶段形状的残余量,设定 XY 方向的切削量。
- 残留高度:由球刀铣削时,输入铣削通过时的残余量(残留高度)。指定残留高度时 XY 方向的行距显示如图 6.62 所示。

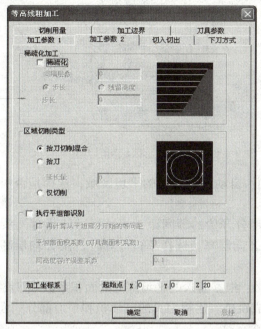

图 6.61 加工参数 2

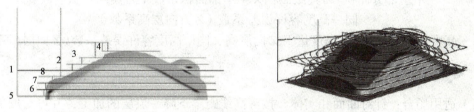

图 6.62 间隔为 3 的稀疏化加工轨迹

② 区域切削类型:在加工边界上重复刀具路径的切削类型,如图 6.63 所示。
- 抬刀切削混合:在加工对象范围中没有开放形状时,在加工边界上以切削移动进行加工,有开发形状时,则抬刀连接。此时的延长量按下式计算:

切入量<刀具半径/2 时,延长量=刀具半径+行距
切入量>刀具半径/2 时,延长量=刀具半径+刀具半径/2

- 抬刀:刀具移动到加工边界上时,快速往上移动到安全高度,再快速移动到下一个未切削的部分(刀具往下移动位置为延长量远离的位置)。
- 延长量:输入延长量,可扩大切削的范围。
- 仅切削:在加工边界上用切削速度进行加工。

说明:加工边界(没有时为工件形状)和凸模形状的距离在刀具半径之内时,会产生残余量。此时,加工边界和凸模形状的距离设定比刀具半径大一点。

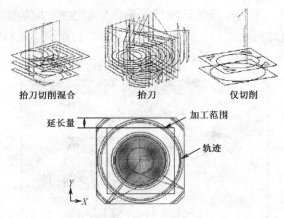

图 6.63 区域切削类型

③ 执行平坦部识别：自动识别模型的平坦区域，选择是否根据该区域所在高度生成轨迹。

- 再计算从平坦部分开始的等间距：当选择再计算时，系统根据平坦部区域所在高度重新度量 Z 向层高。选择不再计算时，在 Z 向层高的路径间，插入平坦部分轨迹。
- 平坦部面积系数：根据输入的平坦部分的面积系数（刀具截面积系数），设定是否在平坦部分生成轨迹。比较刀具的截面积和平坦部分的面积，满足以下条件时，生成平坦部轨迹。

平坦部分面积>刀具截面积×平坦部面积系数（刀具截面积系数）

同一高度容许误差系数（Z 方向层高系数）

同一高度的容许误差量（高度量）=Z 向层高×同一高度容许误差系数（Z 向层高系数）。

2. 等高线精加工

（1）适用场合：针对曲面和实体，按等高线距离下降一层层的加工，并可对加工不到的部分（较平坦的部分）做补加工，属于两轴半加工方式。

（2）操作步骤：选择菜单"加工"→"精加工"→"等高线精加工"，弹出"等高线精加工"对话框，如图 6.64 所示。

（3）加工参数。

① 加工方向：刀路轨迹走的方向选择。

- 顺铣：生成顺铣的轨迹。
- 逆铣：生成逆铣的轨迹。
- 往复：等高线的各个层的加工方向采用顺铣、逆铣交替的方式进行切削。

② 路径生成方式。

- 不加工平坦部：仅生成等高线路径。
- 交互：将等高线断面和平坦部分交互进行加工。这种加工方式可以减少对刀具的磨损。
- 等高线加工后加工平坦部：生成等高线路径和平坦部路径连接起来的加工路径。

- 仅加工平坦部:仅生成平坦部分的路径。

③ 平坦部加工方式。
- 行距:输入 XY 加工方向的切削量。
- 残留高度:根据输入的残留高度,求出 Z 方向的切削量。
- 角度:输入扫描线切削路径的进行角度,仅在选择了"平坦部角度指定"时可作设定。可输入的角度为-180°～180°。

④ 其他参数可参考等高线粗加工的参数。

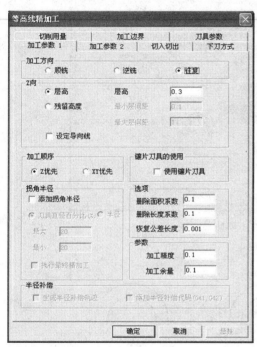 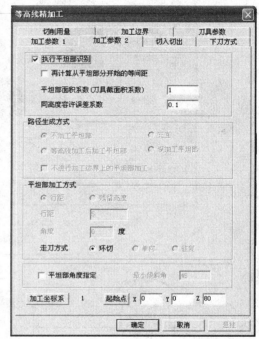

图 6.64　加工参数表

3. 扫描线精加工

(1)适用场合:针对曲面和实体,按等高线距离下降一层层的加工,并可对加工不到的部分(较平坦的部分)做补加工,属于两轴半加工方式。

(2)操作步骤:选择菜单"加工"→"精加工"→"扫描线精加工",弹出加工参数设置对话框,如图 6.65 所示。

(3)加工参数。

① 加工方法如图 6.66 所示。
- 通常:生成通常的扫描线精加工轨迹。
- 下坡式:生成向下加工的扫描线精加工轨迹。
- 上坡式:生成向上加工的扫描线精加工轨迹。
- 坡容许角度:上坡式和下坡式的容许角度。

② 加工顺序如图 6.67 所示。
- 区域优先:当确定加工方向后,生成区域优先的轨迹。

- 截面优先：当确定加工方向后，抬刀后快速移动然后下刀，生成截面优先的轨迹。

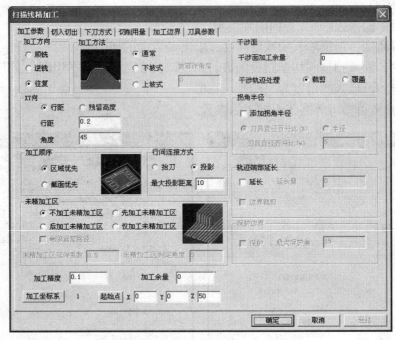

图 6.65 加工参数

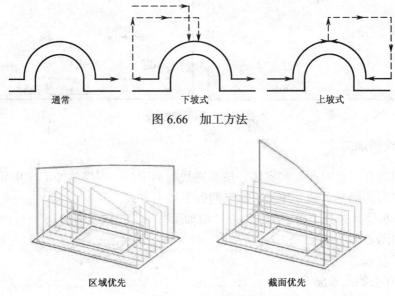

图 6.66 加工方法

图 6.67 加工顺序

③ 行间连接方式。
- 抬刀：通过抬刀，快速移动，下刀完成相邻切削行间的连接。
- 投影：在需要连接的相邻切削行间生成切削轨迹，通过切削移动来完成连接。
- 最大投影距离：投影连接的最大距离，当行间连接距离（XY向）≤最大投影距离时，采用投影方连接，否则，采用抬刀方式连接。

④ 未精加工区。
- 不加工未精加工区：只生成扫描线轨迹。
- 先加工未精加工区：生成未精加工区轨迹后再生成扫描线轨迹。
- 后加工未精加工区：生成扫描线轨迹后再生成未精加工区轨迹。
- 仅加工未精加工区：仅仅生成未精加工区轨迹。
- 未精加工区延伸系数：设定未精加工区轨迹的延长量，即 XY 向行距的倍数。
- 未精加工区判定角度：未精加工区方向轨迹的倾斜程度判定角度。

⑤ 干涉面：又称检查曲面，这是与保护加工曲面相关的一些曲面。
- 干涉面加工余量：干涉面处的加工余量。
- 干涉轨迹处理：对加工干涉面的轨迹有裁剪和覆盖两种处理方式。裁剪指在加工干涉面处进行抬刀或不进行加工处理。覆盖指保留干涉面处的轨迹。

⑥ 轨迹端部延长：将末端轨迹延长。
- 延长：设定要不要延长末端轨迹。
- 延长量：设定末端轨迹的延长量。
- 边界裁剪：加工曲面的边界外保留延长量长的轨迹，多余部分将进行裁剪处理。

4. 孔加工

（1）适用场合：用于各种钻孔、镗孔、攻螺纹等点位加工。

（2）操作步骤：选择菜单"加工"→"其他加工"→"孔加工"。弹出孔加工参数设置对话框，如图 6.68 所示。

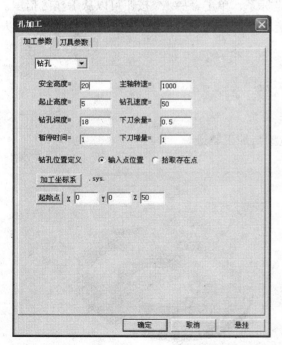
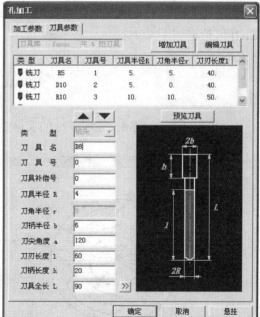

图 6.68 "孔加工"对话框

（3）加工参数。

加工模式：该列表中提供了12种钻孔模式，对应的G代码见表6.1。

表6.1 钻孔模式与G代码指令对应表

钻孔模式	G代码指令	钻孔模式	G代码指令	钻孔模式	G代码指令
高速啄式孔钻	G73	钻孔+反镗孔	G82	镗孔（主轴停）	G86
左攻螺纹	G74	啄式孔钻	G83	反镗孔	G87
精镗孔	G76	攻螺纹	G84	镗孔（暂停+手动）	G88
钻孔	G81	镗孔	G85	镗孔（暂停）	G89

（4）刀具加工参数。

① 安全高度：指刀具快速移动时不会干涉到毛坯或模型的高度。

② 主轴转速：机床主轴的转速。

③ 起止高度：进、退刀具初始位置。

④ 钻孔速度：钻孔的进给速度。

⑤ 钻孔深度：孔的加工深度。

⑥ 下刀余量：钻头快速下刀到达的位置距离，即距离工具表面的距离。

⑦ 暂停时间：攻丝时刀在工件底部的停留时间。

⑧ 下刀增量：钻孔时每次钻孔深度的增量值。

（5）钻孔位置定义：钻孔位置定义有以下两种选择方式。

① 输入点位置：用户可以根据需要，输入点的坐标，确定孔的位置。

② 拾取存在点：拾取屏幕上的存在点，确定孔的位置。

（6）加工坐标系：生成轨迹所在的局部坐标系，单击 加工坐标系 按钮可以从工作区拾取。

（7）起始点：刀具的起始位置和沿轨迹走刀结束后的停留位置，单击 起始点 按钮，可以从工作区拾取。

实 战 练 习

1. 根据零件图6.69，完成零件的实体造型与加工轨迹。

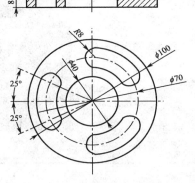

图6.69

2. 根据零件图 6.70，完成零件的实体造型与加工轨迹。

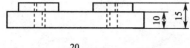
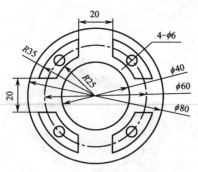
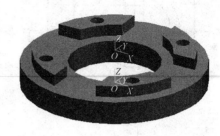

图 6.70

3. 根据零件图 6.71，完成零件的实体造型与加工轨迹。

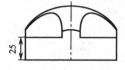
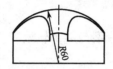
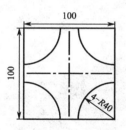
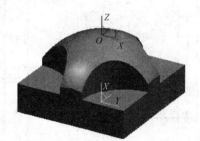

图 6.71

4. 根据零件图 6.72，完成零件的实体造型与加工轨迹。

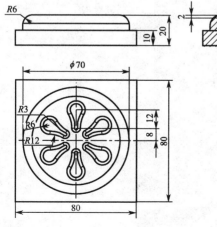
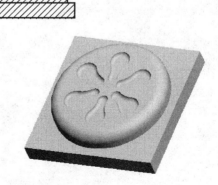

图 6.72

5. 根据零件图 6.73，完成零件的实体造型与加工轨迹。

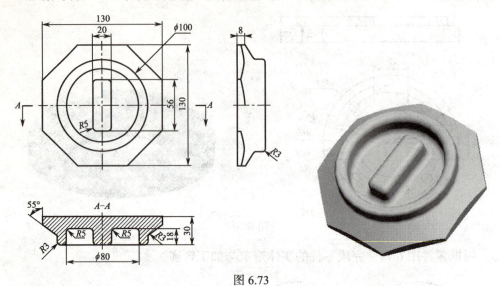

图 6.73

6. 根据零件图 6.74，完成零件的实体造型与加工轨迹。

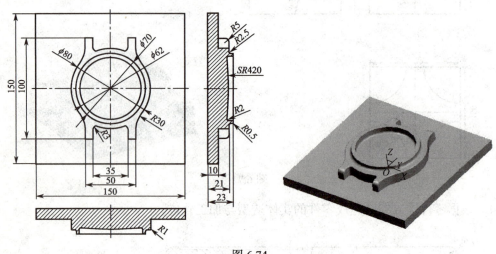

图 6.74

参 考 文 献

[1] 蔡颖等. CAD/CAM 原理与应用[M]. 北京：机械工业出版社，1998.
[2] 北京北航海尔软件有限公司. CAXA 制造工程师 XP 用户手册[M]. 北京. 北京北航海尔软件有限公司.
[3] 吴为. CAXA 软件应用技术基础[M]. 北京：电子工业出版社，2005.
[4] 夸克工作室. 精通 Pro/ENGINEER 2000i 教学范例篇[M]. 北京：中国青年出版社，2000.
[5] 成振洋. CAXA 制造工程师 2006 应用基础[M]. 北京：人民邮电出版社，2008.

反侵权盗版声明

电子工业出版社依法对本作品享有专有出版权。任何未经权利人书面许可，复制、销售或通过信息网络传播本作品的行为；歪曲、篡改、剽窃本作品的行为，均违反《中华人民共和国著作权法》，其行为人应承担相应的民事责任和行政责任，构成犯罪的，将被依法追究刑事责任。

为了维护市场秩序，保护权利人的合法权益，我社将依法查处和打击侵权盗版的单位和个人。欢迎社会各界人士积极举报侵权盗版行为，本社将奖励举报有功人员，并保证举报人的信息不被泄露。

举报电话：（010）88254396；（010）88258888
传　　真：（010）88254397
E-mail：　dbqq@phei.com.cn
通信地址：北京市万寿路173信箱
　　　　　电子工业出版社总编办公室
邮　　编：100036